NATURAL STEP

新装版

# ナチュラル・ステップ

スウェーデンにおける人と企業の環境教育

カール＝ヘンリク・ロベール　市河俊男❖訳

協力
レーナ・リンダル

新評論

# ……たぐいまれなるこの星、地球

スウェーデンが爆発的経済成長をとげていた一九六〇年代、スウェーデン国内のどこかの工場長から聞いた話を、私は今でも覚えている。家族とともにするのが決まりになっている土曜の朝の食事の席で、彼の娘が突然目をまっすぐにのぞきこみ、こう尋ねてきたというのだ。

「ねえパパ、川のお魚を死なせたのはパパだって、ほんと？」

彼はこのとき初めて、以前なら考えもしなかったような物事の側面に気づかされたのだった。工場の収益は上がっているか、地元自治体や労組ともうまくいっているか、ウチの職場のバンディー[1]チームは勝っているか――それまで彼が、自分の、そして会社の責任範囲ということでかかずらってきたことと言えば、そんなことばかりだった。

しかし今、問題になっているのは川の魚だった。そして次の質問。

「亜硫酸ガスで空気を汚しているのも、工場長のパパなの？」

そして、また次の質問……。

これまで環境問題を我々から巧妙に遠ざけてきたのは、何も産業界だけに限らない。政治家や我々個人も同様だったのだ。問題？　そう。懸念？　その通り。不安？　よろしい。グリーンピ

(1) アイスホッケーに似た競技。

ースへのちょっとばかりの寄付？　いいだろう。あの妥協を許さない環境保護団体に加入するのも、もちろん結構なことだ。でも我々一人ひとりが果たすべき責任はどうなっていたのだろうか？　自分もドライブを控えたり、タバコを吸うのをやめたり、リサイクルできるガラスびんを選んで使ったりしないといけないのではないだろうか？

私はカール＝ヘンリク・ロベール氏のドラマチックな著書を読んで、読み手が全体の中での自分の役割というものをいやでも見つめ直さざるを得なくなるところに、そのメッセージのユニークさがあることを理解した。

我々はありとあらゆる生き物との、自然の法則にもとづいた共生の中に生きている――水銀に毒された川魚の一番小さな細胞から、今この瞬間の私やあなたが呼吸し、それればかりかかつてはイエス・キリストやソクラテス、ヒットラー、エルビス・プレスリー、エリック・ペンサー、そしてマリリン・モンローまでもが呼吸していたこの同じ空気の分子に至るまで[2]。地球の資源の量が、もともと何十億年も前から地球に存在していた原子の総量より多くなることはあり得ないし、それらの資源の真の意味での増加がもたらされる可能性も、自然のもつキャパシティー［能力］の範囲に限られたものでしかない。散りぢりになってしまった資源物質の原子を我々の手でかき集めて並べ直し、再度資源化することはどのような方法をもってしても不可能なだけだからだ。

それにもかかわらず我々は、新しい魔法の品々や夢のシステムをつくりだしている――その代償として、廃棄物もどこかに生みだしながら。確かに我々は、それまで自然界に調和にもとづいて配置されていたものを、無秩序な方向へと置き換える世界の主といえよう。しかし、センセーショナルで我々も気に入ってしまいそうな新製品が一つ出るたびに、その後には秩序を乱された原子のゴミが、目に見える形であれ、見えない形であれ、残されてゆく。そうしてゴミの山は日ごとに、ますます大きな土と空気と水の問題へと発展することになるのだ。

カール＝ヘンリク・ロベール氏は、よく言われているように、将来を約束されたガン研究者としての地位を捨てたのだった。このことは、次のようにも表現できるだろう。その輝かしい経歴が彼を一つのゴール、すなわち「我々には、自らの身体と地球上のあらゆる生物、さらには物質に対して、負わなければならない責任がある」という究極の洞察へと導いたのだと。

ナチュラル・ステップのこれまでの活動を通じて彼は、エコロジーの分野には医師として携わる自分が、偉大な起業家でもあることを示した。保守的で環境に敵対的な産業界と、破局に向かいつつあるように見える発展の方向を変えるだけの意欲や能力が企業にあるのかを疑い、長きにわたって心と体の奥底から絶望し、ますます憂慮を深める環境意識の高い市民ら――ナチュラル・ステップはほんの数年で、この両者を結ぶ、建設的で欠くことのできない架け橋にまで成長したのだ。

今日の状況はと言えばこうだ。私がイェーテボリのブックフェアに出かけた際に、〝市場競争を勝ち抜くカギとしての「環境」〟で注目を集める、ちっぽけだが斬新なコンサルティング会社のコーナーにいきなり出くわす可能性は……ない。アメリカの有力ビジネス紙が、「今のトレンドを変えることのできる唯一の勢力、それは企業である」と書き立てる可能性もまったくない。ビジネス界には、合理的な競争原理が働いているからだ。自動車メーカーが再生利用のできる車の宣伝をする、などというのも全然あり得ないことだ。

（2） 空気の分子は生き物ではないが、筆者がロマンチックな表現をしたものと思われる。

私は、ヴェッカンス・アファーレル社［経済誌出版社］が一九六〇年代の末に早くも環境賞の制度を導入しようとした際に、政界や産業界の人々が見せた苦渋の態度を覚えている。これはつまり、環境汚染の話など、ビジネスの障害でしかなかったということなのだろうか？　おそらくそうした人たちは、朝食の席で「川に汚水を垂れ流しているのはパパなの？」という真実の問いかけに接したことがなかったのだろう。あるいはこの問いに、父親らしい威厳に満ちた態度でこう答えていたというのが本当のところかもしれない。

「食べながらしゃべるのはよしなさい！　パパは会社のことに専念していたいんだ！」

しかし、いまや風向きは変わりつつある。現在では、環境論議のおかげで市場で優位性を得る何千という企業が存在し、この冷徹な現実から目をそむけようとしつづける企業は、ほどなく市場の大いなる敗者となるのだ。それでも現実逃避をつづけた場合、犠牲になってさらに多くのものを失うのは普通の人々である。

今後の我々には、新たに資源として再生利用できることが分かっているものだけを用いた商品の生産が不可避であって、『不可避のステップ（Det Nödvändiga Steget）』という原書のタイトルは、その点に向けられたものである。再生利用できないものはすべて、我々の子どもと孫の世代に対する脅威となる。不可避のステップとは、すべてが自然の物質循環と一体化することをめざして、企業も個人も行動していくことにほかならない。

私は本書の最初の何ページかを、ブランテヴィーク[3]で読んだ。その頃私は、タラを全面禁漁にして死にかけのバルト海に復活のチャンスを与えようとする科学者に対して苛立ちを募らせる漁民たちと語り合ったものである。さらにその後の部分は、スモーランド地方[4]のある湖のほとりのサウナ小屋の入口の階段に腰掛けて読み進んだ。酸性化が進むその湖では、生物が死滅するのを防ぐための中和剤として、石灰の散布が県当局によって行われていた。そして、私がこれを書いている間にも、大規模工場は同僚たちの生活と居住の場である街全体をおおう大気の中に亜硫酸ガスを排出しつづけていた……。

もはや事実は明白であり、そこから逃げることはできない。しかし本書は、さらにその先を行っている。本書は壮絶な破壊の時代に積極的な行動を呼びかける、勇気に満ちたビラのようなものである。本書は橋渡しをし、手を差し伸べ、方向を差し示す。また、手づくりの提案を与えてくれる。本書を文字通り受け取る読者は、土曜の朝の食卓で、いずれ我々の遺産を受け継ぐことになる者たちとの率直な会話を、何ら恐れる必要もなく交すことができるだろう。

それでは最後に、宇宙思想家ハリー・マーティンソンの手になる繊細さあふれる詩の中から、次の二行を引用して終わりとしよう。

世俗の者さえ人生を愛す
たぐいまれなるこの星、地球

ベッティル・トーレクル（経済評論家）

（3）スウェーデン最南端よりやや北東のバルト海沿岸の町。
（4）南スウェーデンの内陸地方。

もくじ

## 付録3

## 凡例

- 本文行間の（原注1）……は著者によるものである。
- 本文行間の（1）（2）……は訳者による注である。
- 本文中の（……）は、著者の補記である。
- 本文中の［……］は、訳者による補記として使用。

# ナチュラル・ステップ

カール＝ヘンリク・ロベール　著

# スウェーデンを環境モデル国に！

現代の大いなる課題――構造的環境破壊――の解決に向けて、国際的合意が今必要とされています。しかし、先に立って道筋を示そうとする国が存在しない限り、この課題に応えることはできないでしょう。魅力あるよい手本というものがなければ、広汎な合意は成立しないのです。そのため、魅力ある循環社会文化の形成を、手本とされるに足りるほどのスケールでスタートさせる国がどこかに必要です。

スウェーデン国民の我々にとって、こうした魅力的な循環社会の構築を妨げるものは何一つありません。今挑戦が待たれるこの課題は、我々の指導者層や各機関・団体、企業にも関係するものであるとはいえ、まず第一に我々個人の一人ひとりがこれに応えてゆくべきでしょう。そして、この課題を解決し、循環社会の構築を成し遂げられる可能性が世界中のどの国よりも高いユニークな国、それが実はスウェーデンなのです。

**Karl-Henrik Robèrt**
**Det Nödvändiga Steget**

This book is published in Japan
by arrangement with Ekerlids Förlag, Stockholm,
through le Bureau des Copyrights Français, Tokyo.

# 第1章　展　望

子どもの頃から私は、屋外、それも街と郊外の境目のあたりで何かをするのが好きでした。我々人間のつくりだしたものと、それに関係なく以前から存在しつづけているものとの面白い対比がこちらにあるかと思えば、またあちらでは、自然が我々を詮索することもなく五感を楽しませてくれる——私が育ったのもそんな地域の一つ、かつてオッレ・オールソン[1]が好んで絵の題材に取り上げたストックホルム近郊の典型的住宅地、ハーガルンドでした。

もの思いに沈んでいたわけではなかったとはいえ、私には、記憶をさかのぼれる限りの昔から感じていた不安がありました。ただただ物理的に膨張をつづけ、幼かった私の環境を破壊してゆく市街地。木立におおわれた丘や、ほかにもあった緑豊かな遊び場は醜悪な家々へと変えられてゆき、古くからあった市電の一五の路線が廃止され、それに代わって、乗っていると気分の悪くなるような嫌な臭いを発するバスが登場すると、市電の車両基地跡は舗装され、広大な駐車場になってしまいました。その頃から、不安がもっと明確な形で意識されるようになったのです。どうしたら私たちの心は満たされ、いつになったら開発は終わるのだろうか——そして、「それからみんなは幸せ

(1)　一九三〇年代を中心に活躍したスウェーデンの画家。

に暮らしましたとさ。めでたし、めでたし……」というハッピーエンドが、いつの日にか訪れることもあるのだろうか、と。

私の妻リグモールは、これまで一貫して環境とのかかわりをもちつづけていて、長年の習慣と広範な植物の知識のためか、森に入ることをまったく躊躇しない女性です。この妻と子どもたちのおかげで、私は環境問題へのかかわりを深め、それまでの不安は悲しみと怒り、そして、何かをしたいという気持ちのないまぜになったものへと変わっていったのでした。しかし、そのかかわりが初めて具体的な形をとるようになったのは、私の職業キャリアにおいてでした。自分の仕事の中で身につけた視点が、新たな可能性を切り開いたのです。

私は医師であり、ガン研究者です。人体が一つのシステムとしてどう機能しているかについての知識と感覚をもとにプランを立て、治療を行うのが私の職務です。そこで大切なのは、順序に従って予防し、治療し、症状をやわらげることです。もしも生命にとって何か大きな変化が訪れた場合、我々の備えがどれだけ不充分なものであるか、私はつねに思い知らされています。それでも人は、日々の生活に忙殺されているときよりは、むしろ危機に見舞われたときにこそ成長し、より根源的で崇高な一面を発揮するようになるものです。生存を賭けて争い、病める子どもや肉親を守ろうとしているときの人は偉大な存在なのです。こうした視点から見ると、「環境コスト」なるものをめぐって繰り広げているばかばかしい論議には、ほとんど苦痛に近いものが感じられます。というのも、事が私たちの健康にかかわる問題であり、そうした議論が人間の深遠な精神生活に根ざしていないためでもありますが、でも、それだけではありません。私たちの思考能力にとってふさわしいものではないからなのです。しかし、分かっているつもりのこともよく考えてみると分かっていないということは、よくあることです。

環境問題の論議では、自然が環境保護団体の所有物であり、経済が産業界と政治家の所有物であるかのように扱われていますが、自然も経済も私たち一人ひとりのものです。そしてその両者が、変わりやすい一つのシステム――自然を「家」とすれば、経済が「家計」であるような――に密接に依存しているのです。(原注1) 家計が家の資源の限度を超えて豊かになることはあり得ません。言い換えると、経済は自然と天然資源に完全に依存しているということです。にもかかわらず、私たちの振る舞いようといったら、行動力のないくせに議論好きで自分のいる家をすっかり灰にしてしまう消防士のようです。世論は分裂して、人々は自己弁護に必死ですし、そうしている間にも無責任な政治家と、いつまでも行動に移らない私たちのせいで環境破壊が進み、私たちはどんどん貧しく、身体的にも精神的にも不健康になってゆくのです。

ところで、自然も経済も、そのディテール［細部］の多様性には限りがありません。それは、自然破壊とそれが経済に与える影響についても同じです。では、自然のディテールはどのように記述できるのでしょうか？　一つ一つの独立した現象として記述してもよいでしょうが、さまざまな形態をもった生物の出現を可能にする条件として記述することも可能でしょう。また経済の場合なら、満たされるか満たされないかのいずれかに決まる条件をもって記述できるでしょう。これは個々のディテールがいくつかの基本原則の下、関連性をもって相互に影響を与えあっているためなのです。

**原注1**　エコロジー［生態学］とは家とそれがもつ資源についての学であり、エコノミー［経済］とはその資源を利用して運営される、いわば家計にあたるのです。

そこには、システムの内部での変化が、時間の経過とともにほかの要素の前提条件に影響をおよぼしてゆく、というダイナミズム［動的連関］が存在します。しかもその時間的尺度は、非常に長いことが多いのです。

自然は古来より、絶え間ない変化の中にありました。一つは個々の種の発達、すなわち進化の過程を通じて。そしてもう一つは、人間社会の発展とその影響によって。環境破壊は、この二つのうちの後者の例にあたります。しかし、同じ後者の場合でも、人の手がかかったスウェーデンの伝統的な牧草地の、それも生態系に溶け込んだものならば、自然と人間社会との間にポジティブな調和があると言えるでしょう。あるいは、環境破壊に対する懸念から農耕地や自然のままの地域の開発に節度が生まれ、時代を経てもなお乱開発ではない、一つの文化資産と評価されるような居住地が形成される場合も同様です。

自然にしろ、経済にしろ、環境破壊にしろ、そのありさまを記述しようと思えば、根底にある一般原則も、各要素の相互関係も、ダイナミズムも無視して、孤立した要素を並べるだけでそれができてしまいます。それもどんなに分かりにくく、脈絡のない記述になろうとおかまいなしにです。このことが、今日の個々のテーマをめぐる議論についてまわる問題なのです。たとえばこのやり方で、互いに関連をもたない膨大な量のディテールを、スタティック［静的］に羅列することにより、一本の木について記述することもできるでしょう。しかし、まず最初に木がどのように見え、そこではどのような重要な特性が機能しているかという全体像が描けていない限り、そんな記述は、空疎で無意味な実りのないものになってしまいます。木の構成要素間の関係を貫く一般原則の記述や、木をダイナミック［動的］なものとしてとらえる通時的な視点によって明断さが生まれ、そうして

図－1

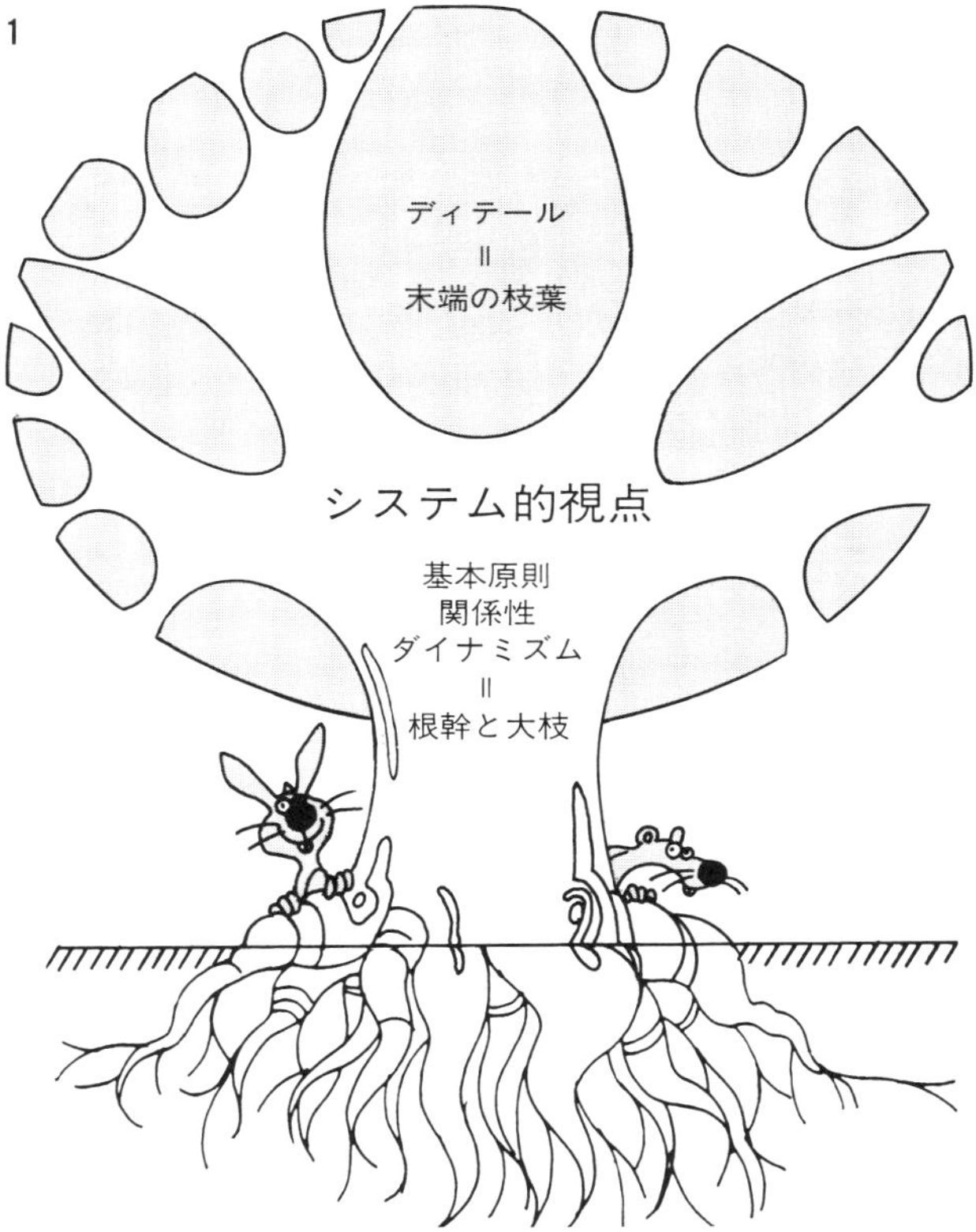


問題をシステム的に捉えない限り、環境破壊の様相は見えてはこない。それには基本原則を身に着け、物事の関係性とダイナミズムを考慮することが必要となる。木は根、幹、枝、葉からなっており、それらすべてが、生命をもって成長する構造の中で、相互に依存しあっている。これら全体を一本の木として理解するためには、システム的視点がその前提となる。ちょうど木がどんどん枝わかれしていくように、木についての知識も、そのほかのシステムに関する知識も、細部へと分化する。しかし、その細部の豊穣さも、末端の枝葉（＝細部）の背景にある根幹と大枝（＝土台）に目を向け、成長し、変化しつつある木全体の姿をそこに見るのでなければ意味をなさない。そのような視点から見れば、エコロジーとエコノミーは同じシステムの一部である。

初めて私たちは、この木を一つのすばらしいシステムとして見いだすことができるのです。基本原則、相互関連、そしてダイナミズム……これらを理解することが、全体を見通すシステム的な視点のカギであると言えましょう。**（図１―１参照）**

もしあなたが、対象となっている木との間に、何らかの感覚的、情緒的つながりを感じているのならなおのこと、こうしたシステム的視点への関心と、それを身に着けたいという願望は強まることでしょう。その木は美しく、呼吸をしていて、あなたの生命とともに一つのハーモニーの中にあるのです。これは、理解しようとする対象がエンジンのキャブレターの場合でも同じことです。つまり、キャブレターの機能は、エンジンのほかの部分の働きを知っていて、自分でもハイスピードのドライブを楽しむ人のほうが、そうでない人より容易に理解できるでしょう。しかし、世間一般についていえば、キャブレターなどより自然のことをもっと深く理解したいという関心のほうが潜在的にあるはずです。自然愛好者のほうがカーマニアよりずっと数が多いですし、自然は、私たちの魂の中により深く根を下ろしているのですから。

あるシステムを理解しようとするときには、その内にある基本原則、相互関連、ダイナミズムを把握しておくことが最もシンプルで、それゆえベストなやり方です。というのも、そうすることによってシステムの概観が分かり、新たな知識の見通しが得られるからです。シンプルさを強く志向すること、それは複雑なものを尊重することであり、システムの理解を容易にするのに有効な方法です。

「さて、まず初めに分かっていることは何だろう……」というように。

今述べたような意味でのシンプル志向は、いいかげんな基礎の上にモデルを構築しておいてから、その中でさしあたり両立しない部分や現実に合わない部分を切り捨て、除外してゆく、「何でもお手軽に」という態度とは正反対のものと言えるでしょう。「この部品、余っちゃったぞ」というのは、知識のない人がキャブレターを修理しようとしたときによく聞かれるセリフです。このお手軽・単純化志向は、結局「単純化の果ての複雑怪奇」につながってしまいます。これは、私たちが断片的な知識だけでエンジンをいじったり、原子力と化石燃料のどちらが自然環境にとって好ましいかを決めようとしたりする際によく起こることです。そこで必要なのは、「単純化を排したシンプル主義」の追求です。「単純化を排したシンプル主義」は、何かを学んでゆく際にも、研究する際にも、基礎となるものです。そのことは、対象が簡単なものであろうと複雑なものであろうと変わりがありません。もし、判断を下すのに欠かせない要素がそれほど多くないのであれば、ややこしくもつれたアイデアからスタートする必要はありません。それに、必要な要素が多い場合でも、それらがシステム内部の基本原則、相互関連、ダイナミズムにどう結びついているかを知るのに「単純化を排したシンプル主義」が大きな助けとなり、その結果、最初の一歩を正しく踏みだせるのです。「単純化を排したシンプル主義」は、適切なシステム的視点を身に着けようとする際の一つの方法論であり、優れたシステム的視点のための正しい土台を築くテクニックと言ってよいでしょう。

さて、私の主宰する〝ナチュラル・ステップ〟は、まだ歴史の浅い環境団体です。ナチュラル・ステップは、いずれの政党、宗派にも属しません。またナチュラル・ステップは、営利を目的としない財団の指揮下にあり、以下のような特徴をもっています。

●システム思考の教育活動を通じて分裂している世論に橋渡しをし、環境問題に対する共通の理解を生みだすことを目標としています。
●活動は具体的なプロジェクトの形で行われ、各プロジェクトはさまざまな職種から成る人々の、職種別に独立したネットワーク組織によってイニシアチブがとられます。現在までに発足しているのは、科学者、アーティスト、医師、教師、エコノミスト、エンジニア、建築家、看護婦、心理学者、法律家、企業経営者、小中学校の生徒、農業学者、レストラン経営者の各職業人組織、およびコミューン［地方自治体］向けの組織です。各組織のメンバーは、自身の職業資質をもって自然に対する奉仕を行います。人が最も力を発揮できるのは、自分の職業分野をおいてほかにないからです。これらの組織は、みなすばらしい能力を備え、プロジェクトの遂行に際しては、現実的な見通しをもってこれにあたっています。
●活動の方法論は「単純化を排したシンプル主義」です。ナチュラル・ステップは、まずシステム的視点（＝根幹と大枝）の基礎となる、適切で揺るぎない知識を皆で協力して追求し、それから細分化された領域の知識（＝末端の枝葉）について、専門家のアドバイスを求めます。こうすることでエキスパートのもつ能力を、大胆かつ魅力的な形で環境保護活動に導入することができるわけです。このことはまた、活動がモラル批判型や責任追及型のものに陥ることを防ぎ、代わりに人々の創造性と行動力を高めて調和させることにもつながります。
●ナチュラル・ステップが人々に共通の知識体系をさぐる上で出発点とするのは、生きている細胞です。細胞を相手に政治や経済の話をしても通じませんから、環境問題の議論に政治経済が入り込んでくるのを避けることができます。それに細胞は、福祉と健康を実現するための条件を語ってくれますから、現実の「システムの木」の根幹と大枝を認識する上で、細胞の視点は欠かせません。

●組織形態的には、ナチュラル・ステップはスウェーデン国王を後援者に仰ぐ、一つの財団法人です。

●ナチュラル・ステップは、小さくても強力な事務局をもち、これが各職業人組織をリードして、協力して、環境プロジェクトを運営するよう組織に刺激を与えます。

●財団法人ナチュラル・ステップは、産業界と共同で「ナチュラル・ステップ環境研究所(株)」を所有しています。これは、エコロジー的企業経営システム思考に関する知識の提供、普及を行う教育機関です。(第6章「エコロジー的企業経営システム思考」と付録5「カンパニー社環境対策綱領」を参照。)

●「環境モデル国としてのスウェーデン」――これがナチュラル・ステップの目指している目標です。ナチュラル・ステップは、家庭で、企業で、コミューンで、そしていずれは、国家レベルで循環社会への発展の良い実例を生みだすことにより、社会の環境保護活動に、より一層のパワーとスピードをもたせたいと考えています。そうしたすばらしい実例の数々は、システム思考の有効性を効果的に世に知らしめ、分裂している世論に橋渡しをし、第一線で活躍する政治家や産業界の人々が、思い切った決定を行える土壌をつくります。

長い時を経るうちに、人類の生活は自然の循環の一部へと統合されてきました。それを支えているのは、太陽をエネルギー源とするさまざまなプロセスですが、なかでも重要なのは、水の循環および動物と植物の間に成り立っている化学的物質循環の二つです。自然界の物質バランスが保たれているのは、生命のリフレッシュに不可欠な栄養物や排出物がこうした永遠の循環の中で合成され、分解されているおかげであって、単にある場所からほかの場所に移動、集散しているからではありません。この、自然界のバランスを保つ働き、すなわち「ホメオスタシス［恒常性］」が、人類の存在を支えている土台なのです。しかし、そのホメオスタシスが成り立つ基本条件も、人口爆発、資源の浪費、毒物汚染といった「地球的貧困」や、豊かな国のライフスタイル、あるいはそうした国の人々の地球的貧困に対する無理解により、いまや脅かされつつあるのです。

　入手が困難になってゆく天然資源、減少する緑、大きくなる一方のゴミの山、生態系循環への漏出がつづいて高濃度化する分子単位の廃残物（分子ゴミ）……現代社会のもつこうした負の側面に対して、何らかの策を講じる必要があることはますます明白であって、もうこれ以上問題を先送りにしてはいられません。こうなってしまった第一の原因は、直線的資源利用[2]という、システム全体にわたる一つの欠陥にあります。この欠陥の改善は、今日の大きな課題と言えましょう。

　一方には減少してゆく天然資源があり、他方には巨大化するゴミの山があり、その中間に老朽化してゆく各種の製品がある――直線的資源利用を簡単に言えば、こういうことでしょう。そこには生きた循環が欠落しているため、資源が新たに補充されることもなく、よって資源の枯渇、汚染物質の拡散、さらにはそこから引き起こされる生活の質の低下が避けられないのです。どうやっても大きくなりつづけるゴミの山は、そのままちょうど同じ量の天然資源が減少したことを示しています。これは誰にでも分かることでしょう。物質の総量、言い換えれば原子の総数はつねに一定であって、原子が新たに生まれたり、どこかへ消えてなくなることなどないのですから。

ところで、自身のライフスタイルが地球環境に影響をおよぼす可能性もあれば、反対に環境問題に関して世界のモデルにもなれるという点で、私たちスウェーデン人は特異な地位を占めていると言えるでしょう。とりわけ問題なのは、資源分配の不公平性です。自分たちは資源の消費を今まで通りつづける一方で、発展途上国の先進国並の発展にはブレーキをかけることなどできるはずもありません。たとえ、まったく自己中心的に考えるとしてもです。なぜなら、地球環境は一つであって、すべてはその大いなる循環の中で一体となっているからです。

私たちは第三世界の貧しい国々から資源を買って利用しているわりには、そこで暮らす人々の生活条件のことなど気にかけていません。私たちは資源に見合うだけの対価を支払っているでしょうか？　払ったお金はその国の国民の手にわたっているのでしょうか？　そしてその人たちは、安定した社会を築ける状況に置かれているでしょうか？　その結果、人々は自立できるようになり、老人福祉制度の創設や、乳幼児の死亡率低減に取り組んだりしているのでしょうか？　教育を通して、女性の地位が向上しているのでしょうか？　発展途上国が、貧しい状態に置かれたまま収奪されつづけ、その結果、生活必需品の不足から人口爆発、森林荒廃、動植物の絶滅、温室効果ガスの放出、毒物汚染、政情の不安定が引き起こされている事実に対して、私たちはあまりに無頓着ではないでしょうか？

それに私たちのライフスタイルは、システムの変革に対して心理的な抵抗を感じるという点でも、特異なものと言えるでしょう。車や飛行機のおかげで自由に動き回れ、地球上で一番貧しい人々に

### （2）資源を循環的に使用せず、使い捨てにするということ。

比べて何倍もの資源を消費しているということは、私たちが自分自身の、あるいは隣人や、さらには後の世代の人々の生活条件に対して、取り返しのつかないような悪影響をおよぼしているということにほかなりません。ところが私たちは、それを今まで、神聖な権利のように見なしていたのです。「利害の対立が環境問題解決の最大の障害である」と言われているのも実は正しくないのであって、これは、環境破壊を助長するドグマ［人々を惑わす独断的見解］の中でも最も有害なものと言えましょう。

　環境問題の解決に向けた行動のために、皆の一致した協力姿勢を引きだすことのできるのは、システム的視点をおいてほかにありません。今日見られる対立と混乱の陰に潜む一番大物の黒幕は、このシステム的視点の欠如なのです。不幸なことに、従来、私たちの住む家についての学、すなわち「エコロジー［生態学］」と、その家計の学、すなわち「エコノミクス［経済学］」は、スタティック［静的］な視点によって、対立する二項とされてきました。こうした考え方は、細分化された専門分野において博識を誇る才能ある人々の間でもよく見受けられます。そのため環境問題の論議においても、根拠のない前提や誤った基調にもとづいた、不当な問題提起が横行しているのです。その誤った基調というのは、システム的視点をもって少しばかり注意深く見ればすぐに間違いと分かるものです。そこで、以下に環境論議の中でよく耳にする意見を一つずつ検討してみることにしましょう。

「環境問題の解決策というものは、必ずといっていいほどそれぞれが互いに相容れないものであって、そのことがすべてを複雑にしている」

これは、環境問題を一つ一つバラバラに、しかも最初から間違った方針の下で対症療法的に解決しようとすることから生じる誤解であって、生態系や経済の問題にシステムの根源的レベルにおいて取り組むならば、事態はまったく逆になります。つまり一つの問題の解決策が、そのまま自動的にほかのいくつもの問題の解決策になるのです。（手当てを受けた枝の先では、全部の葉が元気を回復するのと同じことです。）イギリスのエコロジスト、エドワード・ゴールドスミス(3)は、そのような解決策を体験から、「ソリューション・マルチプライヤー［多重効果型解決策］」と名づけています。

「環境破壊は、貧しい国々のほうが深刻である」

天然資源をゴミに変えるのは、どこの国でもやっていることです。むしろ豊かな国々のほうがさかんにやっていると言えるでしょう。それなのに、貧しい国々のほうが環境破壊が深刻なのは、環境破壊の作用をタイミングよく抑えることが、そうした国々にはできないためです。そしてその影響は、周辺国にもおよんでくるのです。もし、このまま進路を変えずにいるならば、たとえば東欧の国々に見られるような恐ろしい環境破壊の現状が、そのまま私たち自身の未来ということになるでしょう。

---

（3）一九二八〜。日本語にも訳された *"The Earth Report*『地球環境用語辞典』』東京書籍、一九九〇年刊、をはじめ編著書多数。

「貧しい国々の天然資源をゴミに変えて浪費するのは、西側先進諸国のエゴイズムである」

「すべてのものは、一つのシステムに一体となって結合している」

というのがエコロジーの根本原理の一つであり、ゆえに私たちは、たとえエゴイストであったとしても、貧しい国々の環境問題に責任を感じるのが当然です。発展途上国の環境問題への関心が鈍いのは、なによりもシステム的視点の欠如が原因でしょう。


「これ以上の改善の余地が少ない先進国で重箱の隅をつっつくような対策をするよりも、貧しい国々に援助したほうが環境保護の効果が大きい」

しかし、すべてはかかわり合っているのですから、私たちは貧しい国々の環境問題にこれまで以上に責任をもって対処しなければならないのはもちろんですが、それと同時に、自分たちの国の環境にやさしい発展に対しても力を振り向けていくべきでしょう。また援助といっても、従来の意味の援助では一部の問題の解決にしかなりません。未来は、先進国と途上国の間の対等な関係と協力、ならびにグローバルな循環社会文化の広がりの中にあるのです。


「環境を守るには相当な金がかかるのではないか？」

環境のために適切なレベルの支出をすることは、即物的な観点から見ても不可欠の投資と言えるでしょうが、むしろ逆にこう言うべきでしょう——「物質的繁栄を享受したいと願うのであれば、環境破壊の根底にあるシステムの欠陥を取り除かなければならない」と。

そうでないと、たとえばエンジンが焼きつく危険があるのにオイルをケチって、お金を節約しようとするようなことになってしまいます。ダイナミズムを考慮しない、短期的な観点に限ればそれでもよいのでしょうが、それとは違った長期的な観点にもとづく投資には、お金がかかるものなのです。

「私たちは、環境問題の道徳的・経済的責任を後の世代の人々に対して負うべきである」

ですが、現代に生きる私たちは、過去において計画性のない振る舞いをしたために、かなりのお金や文化の豊かさなど、繁栄によって手に入れたものをすでに失っています。後の世代よりも何よりも、まず自分たちに対する責任を自覚すべきでしょう。

「もしスウェーデンが、環境にやさしい開発に投資するならば、過渡期の間、それは高いものにつき、競争力の面で苦しい立場に立たされる」

しかし問題もなく、すぐに経済的効果が得られるような環境対策がすべて実施されるなら、――すなわち、システマティックな取り組みにより、不必要な資源の浪費を解消し、環境改善効果もなく他国と競争になるような投資よりは、短期のものでも環境改善効果のある投資を優先させ、できうる限りの長期的投資を奨励するならば――スウェーデンの経済は、短期的に見ても力強さを増し、長期的には一段と安定したものとなることでしょう。このことは、さらに国内や海外での環境問題に関する判断基準の変化を引き起こし、次なる段階でスウェーデンは、ポジティブな循環にのって、もっといろいろな面で成功を収めることができるのではないでしょうか。

図ー2

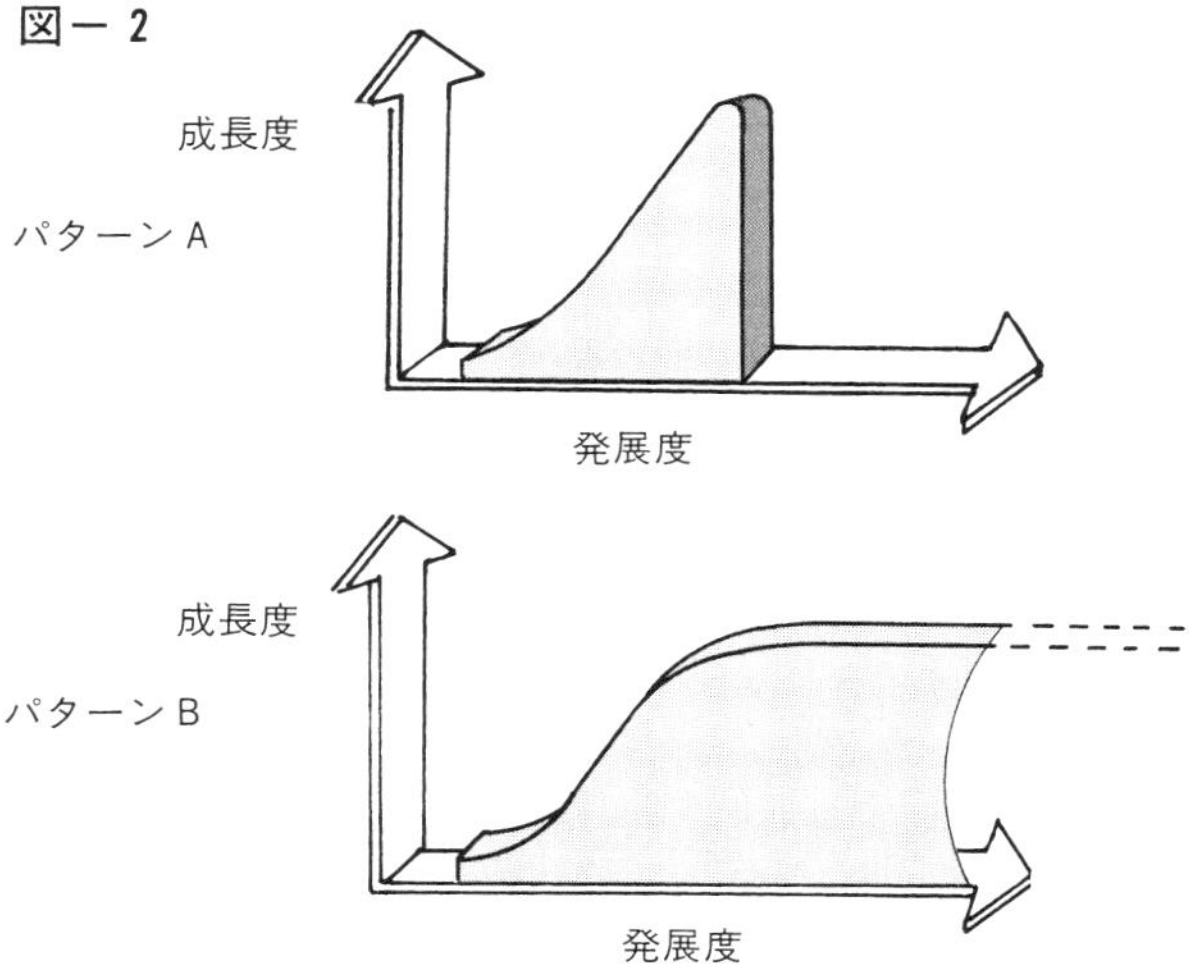


成長と発展は、初期段階では並行して進むが、成長も一定段階をすぎると、その後に必要になるのは発展である。Aは無制限に繁殖し、生存条件となるものを使い果たしてしまうバクテリアの場合のように、フィードバックのメカニズムを欠いた成長のカーブ。バクテリアが死滅すると、成長も発展もそこで終わりとなる。Bは知的フィードバックメカニズムを備えたシステムの成長・発展のカーブを示す。この場合、一定段階以後は成長が弱まるために、引きつづいての発展が可能となる。

「環境を守るには、経済成長が必要である」

　システムというものには、必ずその成長の物理的限度を定める条件があります。それはたとえば、私の建てる家の大きさが敷地と私の収入の範囲内に収まったり、生物の成育に、ある遺伝的特性によって定められた限度があるようにです。したがって、システムの成長はいつまでもつづくものではなく、過渡期にしか起こりません。誕生して間もない生態系で、生物種の増加が起きるのはそうした過渡期の成長の例です。このような成長の次にくるのが「発展」です。この段階になると、それ以上の成長は発展を脅かすものとなるため、持続性のあるシステムは適当なタイミングで成長にうまくブレーキをかけるフィードバック機構を備えています。成長するシステムに、もしこうした知的フィードバック機構がないと、どういうことになるでしょうか？

培養プレート上で自由に繁殖できるようにされたバクテリアを例にとれば、ある段階を超えたところで、突然集団の成長がカベにぶつかり、大量死を招きます（図１−２）。もう一つの例として、ガンを取り上げましょう。ガン細胞では遺伝子についた傷のため、知的フィードバック機構が損なわれています。そのため、ガン細胞はただ増えつづけるだけで、そこに発展はなく、最後にはガン細胞の集まりである腫瘍が、自分の生きる場であるシステム全体を危機に陥れてしまうのです。こうしたバクテリアやガン細胞の場合と同様の無計画で有害な成長が、地球という実験場を舞台に競争で繰り広げられているわけです。もし、システムを規定する条件を変えることで成長を持続させようとするならば、システムのほかの部分での予期しない損害を防げるだけの緻密なシステム的視点が必要になってきます。さらなる経済成長の余地があるのか、じっくり考えることもなく、現実から目をそむけたままで成長の持続を口にする態度が経済危機を招くのです。

「成長の概念は悪くない。問題はそれをどう定義するかである」

確かに成長そのものはよいとしても、どんな種類の活動においてであれ、成長はその初期段階にしか見られません。それを過ぎると、成長も望ましいものではなくなり、さらにある限界を超えると、成長はそもそも不可能になってしまいます。このことは、たとえば文化的な営みの場合などにも当てはまります。ものごとの質の向上に限度がないのは確かですが、それは発展であって成長ではありません。コンピュータの場合を例に考えてみましょう。その発展は、コンピュータの性能の向上とともに小型化と価格ダウンをもたらし、おかげでコンピュータ業界は売り上げ台数を大きく増やして、一定期間の成長をとげたのでした。しかし、この成長にも限度があるのは周知の通りです。それはとくに、ほかの業種に対する社会システム側の需要によって定まる限度です[4]。

今見たコンピュータ業界の例などは、成長概念のもつ意味をよく示していると言えるでしょう。成長の概念は問題を含みながらも、生態学的、経済学的議論をする上でのカギとなるものです。システム的視点を構築する場合には、使用する概念に一貫性をもたせ、その限界を明確にして、矛盾を含まないようにする必要があります。

成長の概念は、ある国の経済について記述するときの一般的表現として、自明のもののように最初のうちは思われるかもしれません。その国がエコロジー的にバランスがとれていて、国民も自然も健全、国民一人当たりの実質賃金は上昇していて、有意義な仕事の求人件数も増加中、文化は豊かになる一方で社会構造の改善も進んでいる……というのなら、その国の資産は各方面で増大しているため、格別複雑な方法を用いずとも、その様子は数字で測ることができ、もっと緻密なシステム的視点で観察する必要性もありません。このような国についてGNPを算出するならば、それはおそらく、現実に進行している経済成長を反映するものになるでしょう。

しかし、好ましいものも好ましくないものも、同時にあるものは増加し、またあるものは減少しているとしたらどうでしょう。たとえば名目賃金、道路、家屋、高級品、安物、各種製品の修理件数、ゴミ捨て場、失業、犯罪、医療機関への来診、自殺率、身体の健康な人の割合……といったものは増加する一方で、実質賃金、金属類の残存資源量、職場でのストレス障害、緑地面積、前近代的な家屋、きれいな水の供給量、文化活動、精神的に健康な人の割合……といったものは減少しているとすると、このシステムの状態を評価するのは一挙に難しくなります。また、各種の金額も一般的な成長概念も、もはやその国の経済状態を表す自明な指標ではなくなってしまいます。こうなると、「成長」という言葉を用いて何を意味させるのか、明確にすることが必要になってくるわけです。

ある人たちにとって成長の概念とは、神聖なものといっていいほどの存在、あるいは自分たちを教え導く心の支えであり、また別のある人たちは「成長」と聞くと、何らかのものの不断の増加が要求されているような息苦しい感じをおぼえ、それが「成長」の内容に偏見を抱くもとになっているといった具合です。しかし、純粋に現実の問題としても、成長の概念は多くの矛盾をはらんでいるのです。たとえば私が、ある国の経済状態を良くしようとして、国民の乗る自動車の改良に取り組んだとしましょう。するとそれは、GNPのような数値で測られる「成長」にはマイナスに働いてしまうのです。これは私の行った「改良」により、自動車製造・修理、石油、環境浄化の各業界に対する需要が減退したためでもありますし、GNPで測定される「成長」には、その内容が考慮に入れられていないためでもあります。その後、今度は国民が交通安全を無視するようになり、車をひどくぶつけ合うようになったとすれば、同じ理由が逆に働いて、「成長」もまた元通りになるというわけです。

(4) つまり、コンピュータ業界だけが無限に成長をつづけて、ほかの業種にとって代わるわけにはいかないということ。

けです。

「成長」と言うとき、多くの人はＧＮＰの増大を指して言っています。しかしながら、同じ「成長」という言葉を、もっと別のさまざまな意味に使う人たちもいます。たとえば、「国の資産合計の増加」の意味で。その際、天然資源までもが資産に含めて考えられていることが多いようです。あるいはまた、ごく簡単に「経済が好調であること」として、それ以上の細かい限定はしない場合。「環境問題に対策を講じるには、成長が必要だ」というのはその例です。

よって成長の概念は、多種多様な経済学的意味合いをもったものが同時に流布している状態ですが、一つだけ確かなことがあります。それは、もし経済とエコロジーの両分野で通用するシステム的視点を、皆で協力して構築してゆきたいと願うのであれば、次の四点を守るのが賢明なやり方だということです。

❶好調な経済は「成長」ではなく、「好調な経済」と表現すること。
❷成長の概念は、実際具体的に成長するもののために残しておくこと。
❸「成長」という言葉の定義づけと意味の限定をたえず行うこと。
❹経済の質の面を反映し、天然資源についても考慮に入れる新しいＧＮＰの概念を構築すること。

これらは、現代の経済学の素朴な理論構成を、真の経済学へと発展させる上での必要条件なのです。以上を要約すると、次のようになります。

環境破壊は、全人類の利益を脅かすものです。今後の成り行きはシステム的視点を獲得し、自然界の条件に従ってシステムの変革を行う私たちの能力にかかっています。大切なのは、私たちの健康と自然だけではありません。人類の純粋な物質的繁栄も、また重要なのです。しかし、長期的視野に立って見た場合、そのような経済的側面は第一義的なものとは言えません。過去における先見性のなさのために、私たちは現在までにすでに膨大なものを失ってしまっています。これは、私たち皆に共通の問題です。にもかかわらず、私たちが「利害の対立」を口にしてしまうのは、問題の根底にあるダイナミックな関係の認識、すなわちシステム的視点が欠如しているためなのです。ナチュラル・ステップの各職業人組織は、こうした問題を解決するための方法論を協力して開発してきました。それが「単純化を排したシンプル主義」です。「単純化を排したシンプル主義」は、これまでシステム的視点を人々にもたらし、環境保護運動に新しい利害関係者の参加を促す一方で、以前からの参加者の気持ちを新たにさせ、具体的な取り組みへの意思表明を導くという点でその有効性を示しています。本書が主題として取り扱っているのは、この「単純化を排したシンプル主義」の方法論なのです。

# 第2章　医師と社会、そして自然

現代社会は、自分が死の病に侵されていると知らされたばかりの患者に似ています。私たちは、環境問題という命にかかわる病気をかかえこんでいるのです。たとえそれを治せる強力な治療法があるにしてもです。初めのうちは、宣告のメッセージが私たちの心の奥まで届くこともありませんでした。事態の深刻さを認識する人が増えてきたのは、ようやく一九七〇年代になってからのことでした。ガンの宣告を受けた人は、ショックのあまり、最初それを理解できないのが普通です。これがいわゆる「ショック段階[1]」です。

その後、明らかに私たちは、次の段階、すなわち運命の宣告を嘘だと思い込もうとする「否認段階」に入りました。否認のムードは、今も依然としていろいろな面で顕著です。何でも一般化して言うのは危険ですが、否認派の人たちというのは、たいてい「可能性を閉ざされてしまったことに腹を立てている人」というカテゴリー［範疇］に分類できることが多いようです。この人たちが「最終審判日の預言」に反逆を企てようとするとき、そこにある種の攻撃性を見てとれることが間々あります。これは、病気の宣告を受けた患者の場合とまったく同じです。そして本人が、今の状況を、自ら招いてしまった恥ずべきものと感じている場合には、この攻撃性が強まることもあります。（アルコール中毒の場合などと比べてみるとよいでしょう。）しかしながら私たちには、カーペットの下から掃きださないといけないような恥ずべき点が、患者と同様少しはありそうです。私たちはその誰もが、何らかの形で、今かかえている病気の一因を担ってきたのですから。そして、この否認段階を乗り越える一番良い方法は、言葉と行動を通じて勇気をもって問題を見つめること、それも各人の防衛陣地からではなく、皆に共通の一つの出発点から見つめることでしょう。

否認段階の次にやってくるのは、悲しみにくれて過ごす「悲嘆段階」です。今日、大部分の人がこの段階にいるようですし、我が国スウェーデンの青少年の間に、一番はっきりとその様相を見ることができます。暗雲が空をおおっているというのに、かなりの割合の大人たちが否認段階に逃げ込んでいる……彼ら青少年の苦悩の最大の原因は、このあたりにあるのではないでしょうか。

環境破壊の背後にあるメカニズムには、当然それと対になるものが存在しています。立ち止まって考えることのない慌ただしさ、経済至上主義、無責任な政治、各種の疎外、中身が空っぽの文化……問題の発生に積極的に手を貸す要因は数多くあって、これらの要因がまた、自然を台無しにされ、毒されることの悲しみを、さらに大きなものにしているのです。

しかし本当に興味深い段階は、「悲嘆段階」につづく「現実直視段階」です。ここに至って患者は、勇敢に真実を見つめるようになり、一番良い場合には、腕まくりをして行動に取りかかります。したがって、この段階はそのまま「創造段階」に等しくなるケースが多いのです。嬉しいことに、

(1)　不治の病などにより死の宣告を受けた者が示す心理状態の経過分析記録として有名な書『死ぬ瞬間』(E・キューブラー・ロス著、川口正吉訳、読売新聞社刊)によると、宣告から死に至るまでには、①ショック・否認、②怒り、③(神との)取り引き、④抑鬱、⑤受容の五つの段階があるという。ただし、本書の著者が用いている各段階の区分や名称は、それとは多少異なっているようである。

「創造段階」に入る人の数はどんどん増えていて、依然として人々の間に戸惑いがはっきりと見られるにしろ、社会文化の変革の瞬間は、ついにすぐそこまでやってきているように見受けられます。今の私たちにとって大切なのは、心から信頼できる薬を見つけだすことです。それは、最初のうちは苦いものとなることでしょう。は苦いものとなることでしょう。だからこそ私たちは、その薬の効き目に確信をもっていたいのです。

環境破壊を考えるとき、私たちは自分自身に対する深い懐疑の念にとらわれがちです。その気持ちは、すぐに次のような自己破滅的な考え方につながりかねません。

「子どもたちのことなど、かまうものか！　我々だけで車をとばし、相場であぶく銭を儲けていればいいのだ」

しかし、とくに子どもを治療することの多いガンクリニックの医師として、私はこれ以上の嘘はないと断言できます。精神的苦痛がどんなに大きいものであろうと、自分の子どものためにあらゆる手を尽くそうとしない親など、医師生活の中で私はただの一度も出会ったことがありません。私たちは、スピードは遅くてもパワーの出るギアをもっていることを忘れ、毎日ひたすらトップギアで人生を生き急いでいるようなものです。パワーのある低速ギアに切り替えて強くなって初めて、人間は自分のもっと荘厳な面に気づくようになるのです。そのため、使い捨て文化に対する抵抗がなくなり、浅薄で無思慮な行動が当たり前になってしまう前に、生命に対する畏敬の念、他人への共感、自己保存本能、子どもたちへの愛情、といったものにタイミングよく訴えていくことが必要でしょう。

しかし、事態が切迫しているときに、リアリズムと創造性の力だけで充分なのでしょうか？　押し寄せるニュースのほとんどが、悪質で破壊的な行為を報じ、GNP成長率こそが社会ビジョンの中で重要な位置を占めるのだと告げているときに、どうしたら私たちは救いを感じることができるのでしょうか？　民主主義の世の中、英知ある決定が下されるためには、英知ある人間の割合が過半数＝五〇パーセントを超えないといけないのでしょうか？　そう考えたときに、一番の救いとして働くのが、「臨界点の法則」[2]です。

各種のシステムにおける変化というものは、臨界点の法則に従って突然起こることが多いものです。そのメカニズムはさまざまで、連鎖反応、ポジティブあるいはネガティブフィードバック、負荷限界オーバー、などがあります。酸性物質に対するある湖の緩衝能力が、酸の最後の一滴のせいでゼロになってしまったり、人が病気になるには、少なくとも一定の度合い以上の感染が必要であったり、ウランの塊に、あと一グラムのウランをつけ加えただけで爆発してしまったりする現象が臨界点の法則の実例です。この法則は、社会や文化の根本的な変化の際にも、重要な役割を果たしていることが多いのです。その例が、ベルリンの壁の突然の崩壊。その後、壁の存在を支えていた空虚な思想体系も、数ヵ月のうちに崩れ去りました。もう一つ、塩素漂白された大量の紙製品が、スウェーデン国内の市場から魔法のように姿を消したケースもあります。

もし、ある問題に対するはっきりとした信念を共有している人が、一定の人口中に臨界量の人数分だけいたとすると、その人たちがあらゆる場面で互いに出会う機会は多いでしょう。何かの委員会で同じテーブルにつくことになったり、店で近所の人たちが洗剤のことで議論しているときや、

---

（2）　同じことの積み重ねでも、あるレベルを超えると急に大きな変化が起きる現象を説明する法則。

編集スタッフのグループで次の特集記事を選ぼうとしているときに、自分の同志に偶然出会うわけです。こうした人たちの知識に裏打ちされた問題意識の強さは、人数で勝ることはあってもまとまりのない反対勢力を打ち負かしてしまうほどです。問題が問題として、そのまま党派や宗派のような伝統的なグループ別の価値観に結びつけられることなく広まることが、勝利を導く一つの要因となるのです。

何の問題でも意見が半々に分かれやすい伝統的なブロック政治は、多くの点で時代遅れといわれています。大急ぎで対処すべき根本的な大問題があるときには、協調による解決が優先されるのでなくてはなりません。臨界点の法則は、私たちにとって最大の希望の源泉であって、次の二つの点で救いになります。

❶同じ問題意識に目覚めた人が人口の五〇パーセントに達するずっと以前に、あっという間に変化が起きる可能性のあることを示しています。

❷絶望的な雰囲気があっても、それは事態の先行きを暗示するものではありません。つまり、そうした雰囲気は、思われているほど悪い兆候ではないということです。臨界点の法則は、私たちの知覚を越えたところで働きます。状況が絶望的に感じられるのはそのせいなのであって、それは数年前のベルリンの壁の崩壊以前と同じことです。必要性が高まれば、変化は起きるものなのです。

人の病は、環境破壊と対比させることができます。これは、なにも驚くようなことではありません。私たちの身体は自然の一部であって、自然と同じ生物学的原理にもとづいてつくられています。そして体内の臓器は、一つの協調の下、それぞれほかの臓器の働きに互いに影響を与えあっているのです。こうした臓器の協調は、生態系における種の協調と類似性をもっています。体内、生態系どちらの場合も、さまざまな栄養素や老廃物のレベルがこのような相互作用によって一定に保たれているのです。これが自然のバランス維持機能、いわゆるホメオスタシス［恒常性］です。

しかし、新陳代謝の異常が起きるとホメオスタシスも打撃を受け、身体は酸性化現象に襲われます。これは、バランスの崩れた自然界で酸性化の問題が起きるのと似ていて、治療を要する深刻な事態です。この症状に対しては、緊急の場合、ちょうど酸性化した湖に石灰を撒くように、炭酸水素ナトリウム(3)をやむを得ず使うことがありますが、もっと根本的なレベルでの治療のほうが、患者の容態にとって決定的な意味をもちます。腎臓が処理、排出できる量以上の窒素を含んだ化合物を摂取したために発病した腎臓病患者のケースでも同じことが言えます。また、新陳代謝が異常に亢進(こうしん)している患者の場合も同様に、一時的に症状を和らげることはできますが、患者が健康を取り戻すためには、背後にある病的状態、すなわち甲状腺異常を治療しなければなりません。

とはいえ、身体の病気と環境破壊では重要な違いが一つあります。それは病気の治療にあたる医師が、それを超えると患者が死んでしまうという老廃物のレベルや、容態の重さを判定するのに役立つものを知っていて、病状の悪化を予防する策をタイミングよく講じることができるという点です。しかし、医師にこのような能力があるのも、各種のボーダーラインを直接に見てとれるからで

（3）いわゆる重曹（重炭酸曹達(ソーダ)）。体液をアルカリ性に保つ制酸作用がある。

はありません。身体の各要素相互の関係は、自然界のそれと同様にいたって複雑なため、ボーダーラインをいきなり割りだすことは不可能です。そうではなくて、医師の知恵というのは統計的資料の蓄積にもとづいているのです。それは、すでに今は亡き膨大な人数の患者たちが残してくれた、各種耐性レベル［どこまで耐えられるかという限界の水準］の大変貴重なデータの蓄積です。ところが、本書の取り上げているこの患者、つまり自然環境は、これまでに一度だって死んだことがないのです！

このような事情があるために、環境論議の主題が「自然界に、その受容限度以上のものを排出すべきではない」ということになってくると、医師のような人間には戸惑いが生じるのです。環境問題考察の出発点として知的に満足できるものがないのはなぜかというと、自然界の耐性レベルを前もって見積もることがまったく容易でないという点が原因としてとくに大きく影響しているわけですが、一方では、自然界の耐性レベルを見積もる必要性などないとも言えるでしょう。自然界も人間と同じく、何らかの物質の一方的な増加には、耐えられるわけがないのですから。環境問題の場合、治療すべき根本的疾患は、循環原理(4)に対する私たちのシステムの違反です。それに、自然界であろうと私たちの身体であろうと、「我慢できる」ものを与えられるのが良いことだと言えないのは当然でしょう。

それに、環境問題に対して医学的類推が通用しないからといって、医師たちの経験が環境保護運動に役立たないということはありません。医師が沈黙し、環境破壊の進行をさらに許せば、人類は生態系と同様、ますます不健全に——身体的にも精神的にも——なってゆくのです。けれどもそこで医師にとって問題になるのは、将来に患者が示す病状の全貌について、今から正確な予後［病気の経過の予測」の診断をつけることができない点でしょう。

先進国での医師の仕事というものは、知識と検証された経験に基礎を置くものです。ところが環境破壊は、地球的なレベルでシステマティックに増大する、ダイナミックな変化のプロセスを内包しているため、以前の経験にもとづく、何らかの予後診断法に依拠することは不可能です。また、経験科学的方法論もほとんど意味をもちません。それは、環境を破壊する作用と、それが生態系に与える影響の複雑さのためです。その上、環境破壊に起因する疾患は、生活条件の悪化にともなってじわじわと病状が進み、症状が表に現れるころにはすでにかなりの時間が経過していることが多いのです。アレルギー、肺疾患、神経疾患、ガンなどはその例でしょう。環境問題とのかかわりをもつ医学である疫学の分野では、このようなメカニズムの複雑さは、身体に反応の速いフィードバック・システムが備わっていないことと相まって、大きな問題につながってきます。医学の抱えるこの難しさが、従来の環境論議の中での医師たちの果たす役割を目立たないものにし、そのことがまた今度は、大衆や政策決定者層に誤解を抱かせるもとになっていたのです。

医師たちは、環境破壊が何といってもまず自然界にダメージを与えること、人間はその際、直接には影響を受けない部外者であることをもって沈黙を守る理由としてきたのですが、これほど間違っていて、私たちの未来にとっても危険な根本的誤解はありません。私たちの健康は、もっぱら生態系の健全さに依存しています。したがって、継続的でシステマティックな環境破壊は、人間の身

(4)「社会から自然界に排出される廃棄物や分子ゴミは、自然の循環が浄化・処理できる範囲のものでなくてはならない」という原理。詳しくは第5章を参照。

体とも相容れないものであり、すでに自然界の中に見てとることのできるダメージの数々は、私たち人間にとって非常に深刻な意味をもった予告のサインにほかならないのです。ここで、もう一度繰り返しましょう。自然界も人間も、廃棄物や老廃物の一方的な増加には、それが何であろうと耐えることはできません。私たちの将来は、この知見をどれだけ重要なものとして受け止めるかという点にかかっています。そして、このことこそが、循環原理が伝えんとする最重要メッセージだったのです。

医師は、自分の経験全般を自然を救う運動に役立てることができますが、もっと別の具体的な使命があることももちろんです。それは、環境破壊と各種の疾患との間の関連を、すでに立証済みのものも現在疑われているものも全部含めて、疫学的研究の中に位置づけるという使命です。そうして得られた研究成果が、大衆の世論形成を促進するかもしれません。

しかし、ここで必要な条件は、医師が混乱しないことです。そうでないと、せっかくの研究レポートも容易に逆効果となる可能性があります。誇張を含んだ警告レポートは、環境破壊と疾患との明白な関連を否定することと同じく、社会に対して非常に有害な影響をおよぼすのです。そのため一方のシステム変革への要求、それも確固たる学問的基礎にもとづいた無条件の要求と、もう一方にある疫学的研究によってとらえられた「氷山の一角」を分けておくことが医師の務めになるのです。したがって大切なのは、医師が、自分では解明できないこと、ゆえに責任を負えないことは何なのかを、社会に対して明言することでしょう。

今日、我々医師が主として研究対象にしている「氷山の一角」には、さまざまな疾病が含まれています。都市環境における肺ガン、ぜんそく、アレルギーや、成層圏のオゾン層破壊による紫外線の入射量増加の結果である白内障、皮膚ガンなどがその例です。また最近では、カドミウム[(5)]をめぐる関心がますます高まってきています。

カドミウムは土壌汚染の主要原因物質で、水銀や鉛と同様、強い毒性をもち、動植物の新陳代謝には使われることのない金属です。ですから、これをどうしても使用しなければならないときは、その全量を、小規模の例外として運用する工業サイクルの中に閉じこめておくことが必要でしょう。今、世界各国の工業地域では、この非常に有害な金屋の土壌中濃度が上昇しています。その主な原因には、リン酸肥料のカドミウム汚染や、工業部門からの排出、ならびにカドミウムを含む特定の製品（たとえば蓄電池）の廃棄などがあります。長期にわたってカドミウムを摂取していると、腎臓が機能低下の症状を呈するに至ります。この腎臓の機能低下症状が、すでに日常の食品の中に濃縮されて含まれているカドミウムによって引き起こされている疑いを裏付ける研究が、最近ベルギーで発表されました[(原註2)]。工業国全域の土壌に蓄積中の金属と長年接触しつづけた場合に生じる直接の健康被害について、私たちはここに初めて警告レポートを受け取ったわけです。

また、酸性化が私たちに与える影響についても、かなりの数の研究が行われています。酸性化の影響が、私たちにまでおよぶケースはさまざまです。安定した形で存在していた金属が、酸性物質によって分解され、そうして私たちの飲み水や食品にまでたどり着くこともあります。酸性化によ

---

（5） 原子記号Cd。蓄電池やメッキ用によく用いられる金属。人体に対してかなりの毒性を示し、特に腎臓を侵す。カドミウムの化合物は、テレビ用ブラウン管の螢光体として大量に使用されている。

**原注2** Buchet JP, Lauwerys R, Roels H, et al. "*Renal effects of cadmium body burden of the general population.*" Lancet 1990 ; 336 ; 699-702.

り、土壌中の重要な鉱物や医療用放射性物質も溶出するので、長期的にはこれらの物質の不足につながる可能性もあります。

自然界内部の関係が複雑であったり、環境に有害な行為が行われてから自然界に実際にダメージが現れるまでの間にタイムラグがあったりする点は、医師が日々の仕事の中で扱っている問題の姿にも似ています。人間は数ある生物種の一つとして、他の種と変わらぬ条件で自然の循環に組み込まれている存在であり、完結した存在である自然界の健全さに依存しているという点でも、他の種と変わるところはありません。熟練したシステム的なものの見方、生命に対する畏敬の念、治癒の過程を見る喜び、自然の耐性限度が破られ、患者が亡くなったときに思い知らされる人間の卑小さ……これらすべてが医師の日常をかたちづくり、そうした日常の積み重ねが、医師をバックアップする計り知れない資産となるのです。

医師は、自然界に生じたダメージと、各種健康被害の全体像を究明する力とならなければなりません。環境破壊と健康被害との関連は、今日確実に指摘できるところですが、健康被害はまだ過小に評価されており、またかなりの部分が過去の環境破壊によるものです。そして将来、生態系内で見られる環境破壊副産物の増加が止まるまで、健康被害の全体像はさらに複雑さと広がりを増すことでしょう。したがって、多くの疾患については、環境破壊副産物の増加が止まった後になって初めてその発生が減ることになり、それまでは長期にわたって患者が増えつづけることになりそうです。

我々医師には、この健康被害の拡大に関して、不安を鎮静化するような言明は一切できません。また、人類や生態系内のその他の種について、環境破壊に対する耐性レベルがどのあたりにあるのか見積もることもできません。背後に隠れている病を治療すること、循環原理にそむき、ひいては自らの身体の恒常性をも傷つけるような行いをやめること、この二つをすみやかに実行する以外、私たちに選択の余地はないのです。

# 第3章　ナチュラル・ステップとは何か？

一九八九年四月、スウェーデン国内の全家庭と学校に向けて、それぞれ一冊のイラストブックと付属のカセットテープが合計四三〇万部、発送されました。それは、私たちの長期にわたる活動のスタートの合図でした。私たちには、その活動を通じて我が国スウェーデンとその国民に、現代の最重要課題である環境問題の分野で、自分たちが世界の手本――環境モデル国としてのスウェーデン――となれるユニークな可能性をもっていることを知らしめようという目的がありました。私たちスウェーデン人は、世界で最初の持続可能な社会の模範、すなわち魅力的な循環社会の建設が可能なのです。その理由は簡単です。世界はそのようなモデルを何よりも必要としており、これをやりとげるのに適した条件を、スウェーデンほど備えている国がほかにないからです。どんなに有力な同盟国の、どんなに強力な国際条約でも、問題を解決することはできないでしょう。どうしたら目標が実現できるのか、具体的な取り組みの形でどこかが手本を示さないといけないのです。

まず、スウェーデン全体を巻き込んでゆく方法としては、それぞれの問題に最も適したしかるべき人々にアドバイスを求めていくやり方が計画されました。世界をおおう貧困の中、誰もが信じ込んでいる「利害の対立」が、一見不可避の破滅へと私たちを駆り立てる……そんな苦痛に満ちた閉塞状況から抜けだすため、皆で一つのモデルを見つけなければなりません。そのためにとるべき方法として考えられたのは、科学者が複雑な対象を取り扱おうとするときに通常用いる手法の応用でした。それは迷路の探索を始める前に、しっかりとした土台を前提とすること、言い換えれば、明白で確実な基礎を記述すること……つまり「単純化を排したシンプル主義」です。

スウェーデンの全家庭と学校に資料を送りつけるというこの「大発送」計画は、私がガン研究者として、また一個人として発案したものでした。そして、プロジェクトの趣旨の浸透により、環境問題にまったく新しいやり方で取り組む「財団法人ナチュラル・ステップ」の設立を実現し、一般的な問題二つを取り上げてゆくことが計画されました。

一つは、システム的視点と全体的展望の欠落を突くこと。現代社会では、一人ひとりが自分の小さな専門領域のスペシャリストです。私たちは、自分の行動によって社会全体がどう影響を受けるのかを考えることもなく、個々の専門分野で奮闘しているのです。

そしてもう一つは、「自分のやることなど、どうせ何の役にも立たない」という、消極的で無責任な「何も自分がやらなくても」的態度を弾劾すること。全人類的課題への取り組みを、アムネスティーやグリーンピース、赤十字、セーブ・ザ・チルドレン[1]といった組織に委ねることで自分の消極性の償いにしようとする傾向は、私たちの誰もがもっています。献身的関与をもってこうした組織を支える代わりに免罪符を金で買い取れば、自分のもっと深いところでの洞察の帰結と向き合う必要もなく、これまで通り生活に没頭できるというわけです。

---

(1) 一九一九年、イギリスのエグランタイン・ジェブ女史によって創始されたセーブ・ザ・チルドレン運動に端を発し、現在世界的規模で活動しているNGO組織。子どもたちの生活・教育環境の改善を目指し、識字教育、奨学金援助などに取り組む。

私の構想は、さまざまな職業分野の人々に対し、その職業的資質を自然への奉仕に当てるための機会を提供する組織をつくり上げようというものでした。各職種ごとのグループは、当然それぞれの専門知識を有し、何らかの職業人団体の形で行動することができ、そうして、自分たちが力になれる独自の方法を見いだすのです。健全な生態系への私たちの依存ぶりを医師が解明する一方で、エコノミストは効果的な環境保護奨励策の考案を手助けし、法律家がクライアントである自然環境のために力を尽くす一方で、エンジニアは循環社会の発展の技術面を支え、アーティストはその洞察力をもとに文化を創造する、などというようにです。そうすれば個々人がアクティブに活動することも容易になり、自分の能力のなさを口実にすることは難しくなります。自分の職業分野でならば、当然各自が一番能力を発揮できるのです。プロジェクト運営をめぐって各職業人グループ間の調整を図る過程を通じて、創造性と能力の発揮のための好条件が形成され、ついでに欠けていた全体的展望も得られることが予想されました。

一九八八年八月、私は送付予定の教育プログラムの最初の原稿を執筆しました。その原稿は、環境破壊の基本的メカニズムから説き起こし、私自身の研究領域、すなわち生きている細胞を出発点とするものでした。政治経済やその他の社会的価値をもつものについて、細胞と議論することはできません。細胞はただ一つのこと、つまり自分の基本的生存条件が満たされているかどうかということにしか関心がないのです。細胞に対して、リン酸塩［植物の必須栄養素］なしで我慢してくれるよう訴えたり、水銀の処理やフロンの分解を頼むこともできません。私たちの健康と繁栄の条件を完全に指し示してくれるのが細胞であり、私たちが学ぶべきシステムに基礎を置いているのが細胞の機能なのです。よって、環境問題を論議するにあたっては、誰もがともに細胞の立場に立って話をするべきでしょう。

私は、システム的視点の確立のためにも、そして、心ある人すべての心痛の種となっている「利害対立」の袋小路から抜けだすためにも、細胞が適切で魅力的な出発点になりうると考えました。エンジニアだってエコノミストだって、その体は細胞でできているのだし、細胞の世界からの語りかけに心を奪われる可能性だってあることを私は知っていました。ミクロ・コスモスとマクロ・コスモスのめぐり会い、細胞同士あるいは細胞と外界との不思議なほど洗練されたコミュニケーション、分子レベルの精度で仲間を生みだす細胞たちの比類なき才能、そして、生命の設計図を未来へと手渡してゆく彼らのシステマティックなやり方——これらすべての驚くべき神秘の数々に比べれば、私たちなどはほかの自然界の存在とともに、疑いようもなくあっさりとひとくくりにされてしまうのではないでしょうか。

活動の長期的目標は、魅力ある持続可能な社会のモデルとしてのスウェーデンのビジョンをつくり上げることでした。今日、世界が何にもまして必要としているのは、充分なスケールの大きさをもった成功の手本です。健全で活力ある生態系を土台に、今よりもっと公平で価値があり、文化的にも豊かなライフスタイルを目指す……そんな社会発展が、誰かの手で始められなければなりません。

まず、スウェーデン国内の科学者仲間で信望の厚い人を見つけだし、科学者のネットワーク組織をつくることが必要でした。その組織の一番目の課題は、私が最初のたたき台として執筆した教育プログラムに関して合意（コンセンサス）に達することです。私は原稿をあちこちに送ってさまざまな意見を集め、改訂を繰り返しながら物理学、医学、化学、生物学など、多様な専攻分野にわたって科学者の輪を広げていきました。そして、二一回の改訂を経て原稿が完成した一九八八年一二月には、五〇数人におよぶ国内最高の科学者たちが、この最初の組織「ナチュラル・ステップ顧問団」に名を連ねていたのです。その中でも、ストックホルム大学資源効率改善研究部門のエーリク・アルヘニウス、自然保護局のビョルン・ヴァルグレーン、自然保護協会のボー・オルソン、ラジウム放射線療法施設のステファン・エインホーンの四人は、私の一番親密な協力者でした。原稿の改訂版をナチュラル・ステップ顧問団のほかのメンバーに発送する前には、私たち五人で互いに見解をぶつけ合い、そして吸収し、校正を行い、教材用のイラストを吟味し、できる限り熱意のこもった教育効果の高い方法で問題を提示するために協力しあったものです。ビョルン・ヴァルグレーンは、現在、ナチュラル・ステップ顧問団の評議会議長を務めていて、当時以来、多数のメンバーが評議会に加入しています。

さて、教育プログラムの原稿完成にともない、次の職業人組織の創立が開始されました。アーティストの組織です。私はただ単純にリル・リンドフォシュ［スウェーデンの有名女性歌手］のところへ電話をかけ、一緒にやるつもりがあるかを尋ねました。アーティスト組織の最初のプロジェクトとしては、ナチュラル・ステップの活動開始をテレビで祝う、祝賀イベントが予定されていたのですが、リル・リンドフォシュは何人ものアーティストの名前を教えてくれ、その人たちの誰もがみな、リルと同じように私の申し入れを快諾してくれたのでした。

このアーティスト組織の設立準備作業の間、私のマネージャーだったインゲシェード・フォン・ポラートは、ルーノ・エードストレーム、カーリン・ファルクの二人のスタッフとともに、不可能とも思えるプロジェクトを遂行しようとするときに必要な熱意と思いやりをすべて捧げてくれました。なぜ、この三人は私を信頼し、私の馬鹿げたアイデアのために時間をさいてくれたのでしょうか？　私は、楽しんでいるような三人の暖かい心づかいを感じました。三人の言いたかったことは、おおむねこんなところでしょう。

「とんでもないことほど、かえってうまくいくもの。このプロジェクトも成功すれば、そのとんでもない無謀さの証明になるのでは？」

そしてその後は、我々みんなの人気者、アンニ゠フリード・リングスタード［人気ポップスグループ「アバ」の元メンバー］が、アーティストを組織化するためのイニシアチブをとり、その結果設立された組織「環境のために行動するアーティストたち」で、現在は会長として熱心に活動してくれています。当初私は、個人としてのアンニ゠フリードにはともかく、世界的有名人としての彼女には少し不安を抱いていました。いろいろな形の友情の発露やら励ましの印やらが示されるのを、有名人に対するただのへつらいか、それとも人間としての素直な好意の表れなのか、いったいどうやって見分けるのだろうと。

しかし、問題はそのように考えた私の側にあるのであって、彼女の側には何の問題もないことがすぐに明らかになりました。この人ほど賢く謙虚で洞察力のある人物は、探してもほかにはいないでしょう。彼女は自身の世界的キャリアと、その陰につきまとうことの多い幾多の試練を乗り越えてきた経験を生かして、ナチュラル・ステップ全体にとって計り知れない価値のある協力者となったのでした。また、彼女と一番親しい男性でプロデューサーのホーカン・ビェルキングは、私の知る中でも最も傑出した能力と、オールラウンドな才能をもったプロジェクトリーダーの一人です。

こうして、多数の科学者とアーティストをプロジェクトに迎えていたため、一九八八年一〇月、私はTV1チャンネル娯楽番組編成部長のスヴェン・メランデルのところへ、自信満々で出かけて行きました。

「もし、プロジェクトが成功したら、祝賀の夕べをテレビでやらせてもらえないでしょうか?」

スヴェンは私の思っていた通り、普段のおどけた態度とは違って、部長の立場では厳格かつ客観的な人でしたが、提案に応じて自分も力になりたいという気持ちを間違いなくもっていました。彼は、祝賀の夕べのアイデアを同僚たちの間にうまく浸透させ、その後プロジェクトが進行してからも支援の約束を忠実に守ってくれたのです。私はその後の勧誘活動を始めるにあたって、彼と同じやり方でやるのがスマートで良いだろうと心に決めました。つまり、「もし活動が軌道にのったら、そのときはあなたも参加してくださいませんか?」と誘いかけるのです。

というのも、たしかにこのやり方のせいで、とくに最初の頃など、私が一人で重い責任を負うはめになりましたし、成功の見込みも小さいこのようなプロジェクトに個人の資格でかかわっているのは、あまりいい気分とは言えませんでしたが、その代わり相手は自分の気持ちが熟してくるまでの時間的余裕をもてるため、ひとたび参加を決めた後は熱心に活動してくれるという利点があったためです。

さて、プロジェクト参加者の輪が広がり、とくに国民教育連盟やそのほかの大手教育連盟および学校庁などの人々、ならびに多数にのぼる大学や各種学術研究所の研究者たちの参加が増えるにしたがって、私が自分で趣旨説明をして回った新しいターゲットの人たちのためのプロジェクトのことも、放っておくわけにはいかなくなってきていました。そうこうするうちに、私は国王陛下にプロジェクトの内容を紹介する機会を得たのです。そこで私は、陛下の実像がマスメディアで伝えられているイメージと違っていたので、考えこんでしまったのを覚えています。そのイメージというのは、愚にもつかないような質問を受けながらも、いかにもそれが国家の存亡にかかわるとでもいうように王様らしく大げさに応じる人というものですが、実際にはそんなことはなく、国王はご自分から質問をしておられたのです。その様子は、次の通りでした。

国王のお答は、その一つ一つが新しいステップを築き、そこからまた次の質問が論理の進行にしたがって導かれてゆき、そうしてついに国王陛下は、プロジェクト全体の正しいイメージをつかんでしまわれたのです。それから一週間もしないうちに私は、国王陛下の後援まで得られることになったと聞かされたのでした。それからというもの国王陛下は、ナチュラル・ステップの最新状況の報告をお聞きになるために、一年に一回、私を王宮へとお招きになります。なお国王陛下は、ナチュラル・ステップのプロジェクトの一つ、「カール・グスタフ国王環境コンテスト」で自らイニシアチブを取っておられます。

そして、ついに私は、外務省のトーマス・パルメ、およびニューヨークにいた国連のヤン・エリアソンの助力を受け、デクエヤル国連事務総長（当時）とコンタクトを取ることにも成功しました。後にデクエヤル氏は、一九八九年四月のヴァルボリスメッソアフトン[2]にバーンスホール[3]からテレビ

（2） 四月三〇日のスウェーデンの休日。「ワルプルギスの夜祭り」のこと。
（3） ストックホルムの中心部にある格式の高い式典会場。

放映された「ナチュラル・ステップ発足祝賀の夕べ」の際に、インタビューのビデオを通じてプロジェクトグループへ祝辞を寄せてくれました。

さて、国王陛下を含む支持者と統一意見文書（**付録2〜4参照**）がそろったところで、プロジェクトへの支援が期待できる企業トップや実業家のための組織の創立を、そろそろ考えてもよい時期でした。それには、人類普遍のメッセージを提示するためにも、社会のできるだけ広い側面をカバーするような各種の企業や団体に参加を呼びかける必要があります。また、参加企業・団体の業務内容のために、プロジェクトの信用性が損なわれることのないようにするのも大事な点でした。やがて、次のような参加企業および団体が集まりました。保険会社のフォルクサム社、スウェーデン教会、生協、ライオンズクラブ、ノードバンケン［銀行］、ガン基金、スウェーデン国有鉄道、金属労組、工場労働者組合、スウェーデンサラリーマン中央組織。各企業のトップには、プロジェクトのスポンサーとなる特別グループへの加入が要請され、さらに、その後設立される財団の活動によって生じる利益を享受できるよう、財団理事会への加入要請も行われました。

この企業・団体向け組織の中で、最初に出会った人物がフォルクサム社の当時の社長だったハンス・ダーベリだったのは、おそらく運命の導きだったのでしょう。ハンス・ダーベリは、私を驚くほどのやさしさと気さくさで、そして、全然待たせることもなく迎え入れてくれました。プロジェクトの趣意書を手渡した翌日、夜も遅くなってから、私はハンスとフォルクサム社の役員室で面会しました。彼は注意深く耳を傾けてくれ、ひとしきり質問を浴びせると、やがてプロジェクトに対する意気込みを率直に示し、ナチュラル・ステップのコンセンサスメソッド(4)がもつ、国内外での将来の可能性の大きさをとくに気に入ってくれたのでした。この面会以後、ハンスはプロジェクトに対する責任感をもちつづけてくれています。自身の経営する巨大企業グループから、つねに職務を要請されるプレッシャーにもかかわらず、ハンスは環境問題とナチュラル・ステップのために、これまで絶えず時間をさいてくれました。仕事に追い回される多忙な企業経営者でも、よりよい世界のビジョンをもちつづけ、そのビジョンのためには目先の成果が些少の利益にさえならずとも、個人的な犠牲を惜しまない覚悟ができるのだという見本が彼なのではないかと私には思われます。ハンスとの間で継続的に行っているプランニングのための話し合いも、ナチュラル・ステップのその後の発展に重要な役割を果たしています。

このほかにも、プロジェクトがさらに進行するにつれて、私の心に深い印象を与えた人々との出会いがありました。スウェーデン国鉄総裁のスティーグ・ラーションは、ある日プロジェクトの説明を受けるため、六時三九分から七時一三分までの時間をとってくれました。これほど小間切れのハードなスケジュールだったというのに、話を聞いている間スティーグは、落ち着き、くつろいだ様子でした。そして説明を受け終えると、彼は上機嫌で私を見て、低い声でこうつぶやいたのです。

「このプロジェクトは、きっと大きな広がりを見せるでしょうね」

この人の支持が得られれば、それはプロジェクトにとって新しい力が加わることを意味していたので、そのつもりがあるのかどうかを私は即座に尋ねました。その答えもまた、低い声で返ってきました。

「そうしましょう」

---

（4） 意見の違いをめぐって議論するのではなく、意見の一致点を洗いだして活動の出発点とする方法論。

これでその日の協議は終わりました。私は、スティーグの人格が発する強いパワーに驚いたのを覚えています。私自身は人とコミュニケートするのに、スティーグとは対照的な大声や大げさな身振りを用いています。もし私が、自分の権威を増そうとしてスティーグのようにつぶやくようになったとしても、私の言うことに耳を傾ける人はきっと誰一人としていないでしょう。

さて、スポンサーらからのバックアップは非常な励ましに感じられていましたし、本当にすべてがすんなりと行きすぎていました。そんなとき、カベにぶち当たってしまったのです（それは予想もしていなかったことでしたが、今になってこうして考えてみると当然のことでした）。私が各スポンサーに、どれだけの出資をしてもらえるのか尋ねるたびに、同じ答えが返ってくるようになっていたのです。

「よそがどれだけ出すかによるのですが……」

どのスポンサーも一様にこう答え、そのため私は出口の見えない迷路をかけずり回るはめになりました。それは、進行中のプロジェクトの停滞をも意味していました。おそらくこの問題の背後には、意中のスポンサーの側での決断の苦悩が一部に働いていたのでしょう。プロジェクトへの参加の希望を表明することに比べれば、巨額の資金を出すのは大変なことです。それから、恥をかくことに対する恐れのため、という面もきっとあるのでしょう。もし、自分が支出を決めたプロジェクトから、ほかのスポンサーが全部降りてしまったら、担当者はどんな気持ちがするでしょうか。

ポケットに金もないまま、大勢の人々の動員に踏み切ってしまった自分のことを思いながらベッドに横になり、眠れずに悩み苦しんでいたある夜、この問題の解決策は浮かんできました。翌日私は、全重要人物の秘書に電話をかけ、皆を一緒に招いて全体会議を開きたい旨、話をしました。そして、一九八八年一一月のある日に全員が出席できる時間のあることが分かりましたが、私は日時の確認のために電話をかけ直すことはあえてせず、その代わりすぐに、皆さんが出席のために時間を空けてくれたことを感謝する、と喜びにあふれた手紙をしたためたのでした。またその手紙には、会議のもつ重みが誤解されることのないよう、全招待者のリストも載せておきました。その結果は……全員が出席したのです！

会議はアーランダ[5]で開かれたので、このときの出席者は、その後、ナチュラル・ステップの「アーランダグループ」と名づけられました。会議の冒頭でプロジェクトの最新の動向を説明した後、出席者の自由な発言を求めた折に私は、出資金額の話になるといつも返ってきた、「よそがどれだけ出すかによるのですが……」という答のことを皆に思い出してもらいました。いまや全員がこうして一堂に会しているのですから、話し合いを始めることができるはずです。

私はこの運命的とも言える集まりで交された、いくつかのやり取りを今でも覚えています。自分が緊張していたことも、そして、オープニングの段階で議論がいかに急転回したかということも。出資引き受け側の規模が大きいからといって、簡単に主要スポンサーになれるわけではない、ということから出席者の議論はスタートしました。四〇〇〇万クローネに上る予算には、どんなに頭をひねっても相当数のスポンサーが必要でした。その時、救いの主として私の前に現れたのが、不意に口を開いたスウェーデン国鉄総裁のスティーグ・ラーションだったのです。

「お金を出すことの難しさなんかより、はるかに重要な問題が我々にはあるのではないでしょうか。

---

（5）ストックホルム国際空港のある街。

将来に向けてこれほど大きな可能性をもったこのプロジェクトを我々がサポートしないのであれば、誰かほかの連中がそれをすることになるでしょう。だとしたら、我々はどうすればこのプロジェクトが、適切なスポンサーの手中に帰するよう守ってやれるのでしょうね？」

この発言は議論の明確な転回点となり、そこで突然、意外なナンバー2が現れたのです。それは、生協のレイフ・レヴィンでした。彼はまず私を、次に机を囲んでいる経営者仲間をやさしく見つめて言いました。

「皆さん、このお医者さんを早いとこ自由の身にしてあげようじゃありませんか。この人は役員会議に慣れていないので、きっとこの場の雰囲気を読み取れていないのですよ」

そして彼は、私のほうにまっすぐ向き直るとこう言ったのです。

「お金なら、手に入りますよ」

なぜそんなことが言えるのか、私にはその時すぐには分かりませんでしたが、レイフの意見に反対する出席者は一人もいなかったため、実際にはプロジェクトの支援問題には決着がついていたのです。

眠れなかった苦悩の数週間も、こうして大きな喜びと出資に踏み切ってくれた人たちへの感謝の気持ちで吹っ飛んでしまいました。それとともに、その後の活動の戦略も、何というか自ずから浮かび上がってきたのです。自分一人で問題を背負いこんでいないでスポンサー側にも問題解決に加わる機会を与えるのと同時に、情熱の炎を全体的ビジョンの上に休むことなく掲げつづけていくことが大切だと私は悟りました。

ところで、ナチュラル・ステップの活動法と全般的モットーは、「明確なビジョンを売り込み、その上でアドバイスを求めること」で、それは現在でも変わっていません。その対象には、活動を進めてゆく上で出会う反対者をも含んでいます。「私たちの実現したいことを理解している、そのあなたの私たちへのアドバイスとは何でしょうか？」そして、そこから得られた六つの経験を通じて、このやり方がナチュラル・ステップの活動全般の方法論となっていったのです。その六つの経験とは次の通りです。

❶アドバイスを求められることにより、反対者の攻撃性が打ち消される。
❷また、相手から必ず一つはアドバイスが得られる。たとえ反対者であっても、アドバイスを求められて「ノー」と答えるのは、行動科学的に見ておそらくノーマルなことではない。
❸こうして反対者から得られるアドバイスの内容は、ほとんどの場合、その人が元来唱えていた反対意見とは異なる。それに、元来の反対意見には価値判断が忍び込んでいるのに対し、アドバイスにはそれまで背景に退いていた本当の反対理由が含まれている。
❹このアドバイスは、最初は苦いものに感じられるかもしれないが、概してためになるものである。
❺これで一人の反対者の代わりに、一人の同志を獲得したわけである。
❻争うのではなくかかわることで、反対していた者の間にもナチュラル・ステップの活動に対する責任感が広がってゆく。

今から振り返ってみても、アーランダグループの中に、いやしい商売上の動機からプロジェクトに参加していた人は一人もいなかったということは断言できます。プロジェクト参加が長期的には商売につながる可能性もあることが、出資を決める要因になっていたのかもしれませんが、やはり決定的だったのは、環境論議の行き詰まりから抜けだす必要性の実感でしょう。従来の環境運動も、私たちみんなを目覚めさせてくれるようなすばらしい活動をこれまで行ってきましたし、それは現在でも変わりありません。しかしそれ以上に、何か新しいものが――それも新しい組織ではなく、新しい方法論が――今日求められているのです。環境保護団体を、委任状を与えた代理人のように見なすのをやめることで、今までの運動から得られたもののさらなる活用を図らなくてはなりません。私たちの思想そのものがもつ美しさ、簡潔性、必然性……アーランダグループの人々に出資を納得させたのも、有能な協力者たちを勢いを増す流れへと引き寄せつづけてきたのも、まさにこの点だったのでしょう。その流れとは、自らの職業的資質を自然への奉仕に捧げようとする人々のネットワークを築き、システム的視点を切り開く魅力的な知識体系を見いだし、そうして広くアドバイスを求めてゆく潮流なのです。私たちの思想こそ、世界で最も必要とされるベストなものだという考えに今も変わりはありませんが、私に安息をもたらさないのもまた、この思想なのです。

私は仕事中もプライベートな時間も、昼も、そして数多くの眠れない夜も、プロジェクトのため、つねに途切れることなく働いています。その原動力は、環境保護運動には普通のもの、つまり自然に対する愛情、より良い世界を子どもたちに残すためにひとかどの貢献をしたいという欲求、自然が無知によって破壊されることの悲しみ、すばらしい仕事をしているのだという誇り、知的、情緒的、人間的誠実さをもった才能あふれる人々との出会いの喜び、といったものです。

しかし、なぜ自分たちが普通の人の居心地よく感じるレベルを超えるところまで駆り立てられてしまうのかは、私にとっても、ナチュラル・ステップの大勢の活動家たちにとっても、不思議なところでした。それには、私が思うに、自分たちの思想の必然性に対する強烈な自覚が関係しているのでしょう。この活動を始めたのは、ほかの誰でもない私たちなのです。もし、私たちが失敗を犯せば、ナチュラル・ステップの理念の魅力が損なわれ、私たちに加わって成功を収めてくれるかもしれない才能をもったほかの人たちの参加を難しくしてしまうでしょう。もう充分というくらい多くの人がこの組織に合流し、私たちの思想が自立できるようになるまで、無情な仕事の重圧がやわらぐことはなさそうに思われます。自然界に対する専門家としての責任感を啓発したり、専門家が問題解決に資する可能性を拓いたりするのは、ナチュラル・ステップのような専門を同じくする仕事仲間の組織の中でなければできないのでしょうか。もちろん、そんなことはないはずなのですが、そのようにも感じられ、悩むところです。

さて私は、自分の描いたなぐり書きのオリジナルをもとに、わかりやすくて教育効果の高いカラーイラストを制作してもらうべく、「大発送」用の原稿――これは私たちにとって初めての統一意見文書でもあったわけですが――をスタジオ「フランク」に託しました。そして、このスタジオの経営者ウルバン・フランク本人が、芸術の世界での私の師となり、やさしく、粘り強く、私の子どもじみた芸術的野心を解釈してくれたのです。また、原稿のカセットへの吹き込みは、私の知る中でも最高におもしろいTV・ラジオパーソナリティーの一人であるハンス・ヴィリウスが行いました。ハンスは原稿の校閲の面でも名人でした。彼は原稿の量を最低でも二五パーセントそぎ落としながら、なおかつ各文章のメッセージをずっと明確で実質のともなったものに仕上げるということをやってのけたのです。

こうして完成した本とカセットは、一九八九年四月、スウェーデンの全家庭と学校に送付されました。これは、アーランダグループがプロジェクト遂行を決めてから四ヵ月後のことです。これほどスケジュールに余裕のない巨大プロジェクトの物流面での問題をクリアし、予算を圧縮したのは、高度な学術の成果でしょう。それがたった一人の人間、自己開発協会のグイド・フェラレシによって成しとげられたものであることを考慮に入れても、この功績の価値が下がることはありません。

そして、ナチュラル・ステップのスタートは、プロジェクト続行へのテイクオフとしてテレビの「祝賀の夕べ」で祝われました。こうした初期プロジェクトの後も、それまでの間に着実に策定を進めておいた独創的なプランにもとづき、活動は継続的に行われています。

しかしこの頃、種々の困難が目立って増大してきていました。新参者は攻撃をパスされるためなのでしょうか、当初、周囲との蜜月ともいえる時期があったのですが、その後になって初めて試練が姿を現したのです。私が最初の段階でいくつかのグループに対する対応を誤った結果、そこではナチュラル・ステップに対するある種の敵意が芽生えていたのでした。私たちは「政治家に甘い」と非難される一方で、「政治家を攻撃し、民主主義を脅かした」と責められました。「ナチュラル・ステップは原理主義的で、ファシズムとの境界線上にある」との主張があったと同時に、「能天気に経済界ばかりを狙い撃ちにしている」と咎められもしました。最後には、「一個人がカネ目当てにやっている、犯罪的手口のスタンドプレー」と書き立てられ、「無邪気なロマンティシズム」と評されることもあったのです。

友人たちは、すぐにこれを人の世の常だと言ってくれて、とりあえずは、それが私にとっての救いと慰めでした。大部分のジャーナリストが客観的、実証的態度でいてくれたことと、当初、私が英雄のように描かれた後では、あのような批判も当然の反動と考えられることも私には救いでした。これに関連して嬉しかったことと言えば、ナチュラル・ステップ財団は収益を得るための宝くじの発行許可を申請していたのですが、これに反対する動きがあったにもかかわらず、政府がそれを承認してくれたことでした。そして、ついに私は、反対勢力に対する適切で建設的な対処法を見いだしたのです。私はそれまで、学問を通じて試練というものにも有益な側面があると学んでいましたが、それはその通りだったのです。私たちは逆境に遭遇し、その逆境もますます厳しさを増しているように思われましたが、実はそれは逆境でもなんでもなく、おそらくナチュラル・ステップの活動への取り組みの純粋さが試される健全な試練だったのです。そうはいっても、試練には痛みをともなうわけで、私にとってはつらいものでした。

現在、ナチュラル・ステップは財団法人で、その理事会には元アーランダグループのメンバーが多数とどまっています。ナチュラル・ステップの擁する多彩な専攻分野（物理学、化学、生物学、医学等）の科学者、研究者から成るネットワーク組織は、メンバーのコンセンサスをもとに、環境破壊をとらえるシステム的視点の構築と、それにもとづいて社会が本来とるべき対策とに関し、どのあたりで一般の意見が一致できるのか、提示する作業をつづけています。私たちのすでに有している基礎的知識が、何か決定を下すのに不充分なケースは本当に例外的です。私たちはこのことを、ある種の怖れも混じった喜びとともに立証したのでした。ですから私たちの最大の課題は、研究を通じて新しい知識を取り入れることよりも、既存の知識を適切に組み合わせ、普及させていくことなのです。

なお、ナチュラル・ステップ最初の総括的文書、すなわち国内の全家庭・学校向けの教材の発送の後も、ナチュラル・ステップ顧問団はエネルギー、交通、農業、有害金属、環境保護促進政策そのほかの各問題に関する統一意見文書の作成をつづけました。こうした活動の成果は、本書の**付録2**から**付録4**で、その実例を見ることができます。

ナチュラル・ステップ内で育っているさまざまな職業人組織に対しては、科学者組織が統一意見文書にもとづいた教育を実施しています。その職業人組織には、アーティスト、企業経営者、医師、教師、学校生徒、エコノミスト、法律家、エンジニア、農業学者、飲食店経営者向けの各組織があります。さらにナチュラル・ステップには、コミューン［地方自治体］向けの組織、通称〝エコ・コミューネナ〟[6]まであるのです。エコ・コミューネナは、循環原理をコミューンの執行委員会[7]のメンバーや議会議員の意識に上らせ、持続可能な魅力ある社会のビジョンにのっとった活動を開始しています。本人もエコ・コミューン第一号のエーベルトルネオ[8]で育ったというトールビヨルン・ラハティと、やはりエコ・コミューンの一つ、ソーシュエレ[9]の元環境部長だったグンナル・ブルンデインは、エコ・コミューネナの熱血コーディネーターです。有能で謙虚な二人は、北部人らしい落ち着いたやり方でエコ・コミューネナへの勧誘をつづけ、加入したコミューンのその後の活動の展開を手助けしています。

ナチュラル・ステップの各職業人組織内では、教育による刺激の結果、個々のメンバーの間に創造的意識が芽生えてきています。ナチュラル・ステップ財団はそのようなメンバーたちに、自前のプロジェクトをもって運営するよう奨励しています。財団は、メンバーがナチュラル・ステップのほかの職業人組織のメンバーとコンタクトを取れるようお膳立てをし、企業経営者組織とのコンタクトを通してスポンサーを見つけられるよう助力を行います。

プロジェクトのアイデアは、財団事務局が把握しています。この事務局の活動を指揮しているのが、リークスビュッゲン社［建設会社］の元技術管理部長ペール＝ウーノ・アルムです。彼は事務局長としてナチュラル・ステップ創始期の間、対話と創造性、寛容と団結意識を導きの糸とする斬新な手法で事務局をまとめ上げました。当時は体制も整っておらず、活動の手順をつくりながら組織の中身も整備していかなければならなかったので、ナチュラル・ステップは当初、一連のプロジェクトと特定の人々の共同参加意識以外の何物でもありませんでしたが、ペール＝ウーノはフリーランスの才能あるプロジェクトリーダーを数名見いだし、その後私たちは、そのリーダーらに大いに感謝しなければならなくなったのでした。

その中でもメディア・コンサルタントのレイフ・ヨハンソンは、創始期のナチュラル・ステップで、みんなの相談相手とメディア担当を務めた忠実で献身的な戦略家です。そして、現実的で経験豊かなキャンペーン戦術家ペール＝オーケ・タッル。この人はつねに、簡潔かつ容赦ない手法で問題をひっくり返し、新しい解決策を浮かび上がらせてしまいます。もう一人、カイ・エンブレーンは、私たちが落としたボールを、全部きちょうめんに拾い上げるようなタイプの人です。そのほかに数人のメンバーが、財団理事会の指導の下、ネットワーク組織に対するサービスを行い、プロジェクトを運営し、渉外を務め、事務の管理にあたってきました。さらに、先に名を挙げた財団事務

(6) これに加入しているコミューンが〝エコ・コミューン〟。
(7) コミューンの「内閣」に相当する機関。
(8) スウェーデン北部の、フィンランドとの国境にある地域。
(9) スウェーデン北部の内陸の町。

局のペール＝ウーノは、ナチュラル・ステップが力強い発展を見せていた頃、その謙虚で寛大な人柄と職務遂行能力をもって、そうした時期につきもののリスクの数々をうまく調整してくれました。

私たちはこれまでに、相当な数に上るプロジェクトを遂行してきました（**付録1**参照）。毎年開催される「青少年環境国会」、産業界向け雑誌「環境レポート」、国王陛下がイニシアチブを取って始められたコミューン向けの「カール・グスタフ国王環境コンテスト」、ナチュラル・ステップ顧問団とナショナル・エンサイクロペディア（ブラー・ベッケル出版社）による「スウェーデン国民環境事典」共同制作プロジェクト、そして企業とコミューンを対象にエコロジー的企業経営システム思考の教育を行う「環境研究所」の設立等々。

ここで最後に挙げた「環境研究所」は、一九九一年秋に設立されたものです。ラーシュ・バーンはその研究所の理事会で理事長を務める勤勉な人物で、とことん誠実で実直なタイプに属していす。こうした人格と継続的で熱心な環境活動へのかかわりぶりにより、彼は産業界と環境保護運動勢力の双方から非常な尊敬を勝ち得ています。またこの人は、原理原則を曲げることがなく、ものごとの倫理的な側面を考慮に入れて、自身の洞察から得られた結論を基準に行動する勇気をもっています。この環境研究所の設立は、産業界からの要望に応える形でプロの環境教育を行う機会が設けられたことを意味すると同時に、財団にとっては基礎固めの段階をスムーズに通過する、よい牽引力となりました。

今ではナチュラル・ステップも、完全に安定性とプロフェッショナリズムを兼ね備えた組織になり、活動の持続性を念頭に置きながら将来の展望を描いていて、しかも事務局の創造性と小回りのきく特性はそがれていません。ここに至るまでの過渡期には、マドリーン・リンドブラッドの助力がありました。彼女はプライスウォーターハウスのロンドンオフィスの職員で、私たちは最初の頃、この人から痛烈な批評を受けたものです。彼女が指摘したのは私たちの組織の脆弱さで、周囲の要求に応えていくためには、本来もっと強いものでなければいけなかったのです。もし、あのまま気づかなければ、そうした欠点をいつまでたっても解消できなかったのではないでしょうか。ナチュラル・ステップの発展の経緯というものは、何もなかった口に歯を移植していくのに似ていたと言えるでしょう。事務局長ペール＝ウーノの支援の下、プロジェクトを一つ成功させるたびに新しい歯が一本植えられ、賞賛の声が浴びせられます。しかし、歯が増えるごとに、とくに笑ったときなどに隙間が目立つようになってくるのです。そろそろ私たちには、美しく完全な歯並びが必要な時期でした。

　最初の全家庭・学校への教材送付の後、実行されたプロジェクトのリストは**付録1**にあります。なお、スウェーデンのナチュラル・ステップの成功に刺激を受けて、同様の組織がスイス、イギリス、ポーランドといった国々でも設立されています。ナチュラル・ステップのコンセプトは「良き実例を提示する」ということに尽きるので、海外の仲間に教えた通り、私たちはここスウェーデンで手本を示すよう努めていくつもりです。これはつまり、海外の組織が「有機的成長」をするのに任せるため、私たちはスウェーデン国内で良い成果を上げることに専念するということです。したがって、私たちが海外に出ていって伝道をするのではなく、各国のプロジェクトグループが自分たちのイニシアチブの下、文書の翻訳やレクチャーの実施などの面で支援を求めてきた場合に、こち

(10)　約一二〇ヶ国に五万人近いスタッフを擁する世界有数の国際会計事務所。

らが力を貸すということなのです。

海外組織の第一号は、ルンド(11)にいたポーランド生まれの藻類学者スタニフワフ・ラザーレックの手によってポーランドに設立された「ナチュラル・ステップ・ポーランド」でした。私はこの人に出会うまでは、自分が積極的で陽気な人間だと思っていました。しかし、彼に比べたら陰気で憂鬱だし、つまらないことにくよくよしてばかりです。彼は、ワルシャワの国際環境サービスセンター設立の影の立役者でしたし、ナチュラル・ステップがスウェーデンの全家庭・学校に送付した教材のポーランド語とハンガリー語への翻訳を手配したのも、ローマ法王をナチュラル・ステップの後援者に招き入れたのも、この人だったのです。

ローマ法王とコンタクトをとるのは、ナチュラル・ステップ本来の活動の一部というより、難局に対処するときのスタニフワフの、いつも通りの大胆なやり方の表れだと私は思いました。そしてあっという間に話が進められ、気がつくと私は、ペール＝ウーノとスタニフワフの二人とともにバチカンでプライベートに行われたミサに出席し、それが終わると法王から国王陛下のときと同様の質問を受けていました。私には、一切が夢の中の出来事のようでしたが、私の家のベッドの棚には法王から手渡された小さな十字架があり、それが、あれは本当にあったことなのだと伝える縁(よすが)になっているのです。

(11)　スウェーデン南部の大学都市。

# 第4章　細胞を出発点に、ゴールの「環境モデル国スウェーデン」へ

生命あるものすべては細胞でできています。バクテリアやゾウリムシは、たった一つの細胞でできていますが、人間のようにもっと複雑な種では、協調して働く何十、何百兆という数の細胞から成り立っているのです。地球上初めての細胞は約三五億年前、海の中で形づくられました。いったいどのようにして、このような驚異的な出来事が起きたのかに思いを馳せるとき、宗教的感慨にとらわれる細胞学者もこれまで少なくありませんでした。

一つの細胞は、ちょうど各種の臓器——たとえば胃、肺、骨格、血管のように機能する臓器——でできている私たちの身体のようなものです。細胞内の一つ一つの組織は、限りなく複雑な構造体であるとはいえ、ほかの細胞組織と一緒に存在できるのでなくては意味がありません。つまり、身体の臓器と同様、独力で生きていくことはほとんどできないのです。たとえば、肺はほかの臓器との協調なしにはやっていけませんし、それは細胞組織同士の関係でも同じことです。このことが、地球上初の細胞がいかにしてつくられたのかを考えようとする際に問題になってきます。最も単純な細胞の中の、一つの細胞組織の簡単な機能を実現するのにさえ、すでに複雑な構造体が必要とされます。身体の何百兆という細胞や、地球上のあらゆる生物相互の間に見られる協調作用を思うときにも、たった一つの細胞の考察から芽生える、生命に対する畏敬の念というものはもちろん薄ら

ぐことがないのです。

細胞には、ある意味で脳のような機能をもった組織＝細胞核があり、その中に遺伝子が入っています。私たちの遺伝子は、人間の祖先のもとになった動物すべての種から改変を受け、完成され、受け継がれてきたものです。遺伝子は、私たちの生命プロセスを支配しています。これは各細胞が、つねに全体としての身体にとって最適のことをしているということでもあります。遺伝子は、そのそれぞれが特定のタンパクをもとに細胞の生成に責任を負う立場にあります。ですから、あらゆる生物が、そうしたタンパク質の支配を受けているのです。このタンパク質の中には、まったくもって単純な身体の構成素材もあれば、体の発育を制御したり、男女の区別を生じさせたり、細胞の分裂を調節したり、体力を決定づけたりする、酵素やホルモンのようなものもあります。遺伝子と言えば、よく話題になるのは、瞳の色のような、私たちの身体の表面的特徴との関連性でしょう。瞳の色は、瞳の色用の遺伝子が、瞳をその色にするタンパクを合成するよう細胞に対して命令することにより、決定されているのです。

一つの細胞の視点からすれば、環境論議の混乱ぶりはほとんど無益なものに映るのではないでしょうか。というのも、人間なら誰であろうと、自己の生存のための基礎条件を責任をもって維持するのが当たり前なのに、私たちがそのことを忘れているからです。私たち人間は、確かにさまざまな価値体系をもっていますが、細胞を相手に政治や経済、利便性を議論することはできません。細胞は、生存に必要な基礎条件にしか関心がないのです。よって、ほかにどのような価値体系を有していようとも、私たちは生きている細胞の立場に立って、環境問題を論議すべきでしょう。

細胞を出発点に据えれば、人間を自然と生態系の真ん中に位置づけることも容易になります。私たち人間の細胞というものは、皆さんが一般に想像しているよりはずっと、植物の細胞に似ているものなのです。さらに人間の細胞を、絶滅の危機に瀕している猛禽類やアザラシ、カワウソなどの細胞と比べるならば、わずかな違いを見つけるために細胞の分子を観察しなければならないほどです。重要なのは、私たちの体が最小の分子のレベルから、ほかの哺乳類と同じ方式でつくり上げられているということです。ですから、哺乳類は互いに非常に近い親類のようなものであり、生物学的には、人間も地球上のほかの共存者と比べて高い地位にあるわけではないのです。私たち人間は自然界の主ではありませんし、保護者でもありません。生物学的にカワウソやアザラシと同じ一つの種なのです。カワウソなどが、私たちの引き起こした環境汚染のせいで絶滅の危機にさらされるようになったのだとすれば、私たち自身もまた、同様の危機にさらされているのです。

さて、細胞を出発点にすることは、真の生産活動とはどういうものか記述するにおいても有効です。生産とは、原材料をそのままの状態よりも価値のある生産物へとまとめ上げるために集めることです。それも自分の中のどこかほかの組織で、物質の拡散・混合（＝乱雑化）を起こすことなしにです。

物理学の法則によると、すべての物質は、あらゆるものを破壊し、平準化してゆく現象の強大かつ永遠の流れの中で分解され、ばらつきが一様にならされていきます（原注3）。布地は糸くずになり、車は錆び、家は廃屋へと風化し、すべてがチリとなって混ざり合うのです。もしもこの流れに逆らって、

**原注3**　このあたりのことについては、物理学の一分野である熱力学で扱われている。なお、付録2の「自然科学的見地から見たエネルギー問題」を参照のこと。

もとの秩序を取り戻そうとするならば、必ずそれなりの仕事が必要になります。これは、掃除をしたことのある人なら誰でも身にしみて分かっていることでしょう。それに、私たちが掃除をするときには、秩序を回復するプロセスの中に、実に多くのものを引きずり込んでいます。コンセントからの電気エネルギー、製造され老朽化してゆく掃除機、がらくたが最後に行き着くゴミの山……それに、どこかでつくられたくたびれた洗濯機で汗に濡れたシャツを洗い、掃除をした本人のエネルギー損失をコーヒーとサンドイッチか何かで補う必要性もでてきますし、そうして食事を済ませたら、今度はその食器を洗わないといけない、というわけで、結局秩序というものは、必ずどこかほかの場所で増加した乱雑さを代償として実現されているものなのです。このように、ゴミや乱雑さというものはどんなものであれ自然に発生してきて、しかも私たちが何かエネルギーを使おうものなら、さらに増加してしまいます。これらを全部処理してくれる何らかのシステムがなかったら、私たちはあっという間に滅びてしまっていたことでしょう。

この、すべてのものの再生を最終的に引き受けているシステムとは、実はそのどれもが一〇〇パーセント太陽エネルギーによって駆動されているものなのです。なかでも一番重要なのは、水の循環と協調している植物の光合成プロセスでしょう。生物の排泄物も、私たちの生産・消費プロセスから出された廃棄物も、生命あるものに共通の巨大な循環システムの血液とも言える水によって運ばれ、あちこちを巡ってゆくのです。植物の細胞は、それらの廃物から炭水化物や脂肪、タンパク質をつくりだしています。これは細胞の大きさが二倍に膨らみ、細胞分裂が起きるまでつづきます。

植物細胞は、自分がちょうど必要とする量の原料しか消費しません。ですから、私たちの細胞に比べれば植物の細胞は、素材を適切に扱っているという点で何十億倍も効率的と言えるでしょう。

植物細胞は私たちの排出物から分子を一つずつ集め、原子を正しい位置に置き換えて、新たな資源物質をつくり上げてゆきます。植物細胞はこれまで、その豊かな生産能力と高い生産精度で、私たちやほかの哺乳類の排出物の後始末を遂行してきたのでした。私たちの残飯や、キャンプファイアーで出た煙、その後に残った灰、打ち捨てられた集落の廃虚から、いつも新たな生命が生まれているのです。

でも、どうしてこれで帳尻が合っているのでしょうか？　物理学の法則に従えば、どこか別の所で乱雑さが増していないとおかしいのではないでしょうか？　実際、植物といえども、この法則を無視しているわけではないのです。おおまかなイメージとしては、植物はこの地上で、太陽と冷たい宇宙空間の間に位置していると言えるでしょう。そして、太陽光に含まれていたエネルギーは植物に利用された後、熱となって冷たい宇宙空間に発散されてゆきます。つまり植物は、太陽をエネルギー源とし、宇宙をラジエーター［放熱器］とする、一つのシステムの中に組み込まれているわけです。

ここで秩序と乱雑さの増大量をそれぞれ比較してみると、［巨大なエネルギーを放出した］太陽の核反応プロセスや［地球の熱が捨てられた］宇宙空間での乱雑さの増大量のほうが、地球上の私たちの周りでの秩序の増大（＝乱雑さの減少）量を常時上回っています。したがって、差し引きすると、乱雑さの増大量は秩序のそれを上回り、自然の法則はちっとも破られていないということになります。ちょうど私たちが家の中を掃除することで限られた空間に秩序をもたらすように、植物もまた限られた領域、すなわち生物が生を営む地球の薄い表層に秩序を与えているのです。植物の働きと私たちの働きの違いは、私たちの生みだした乱雑さが、私たちの暮らしの場でもある生物圏

［バイオスフィア］へと移され、そこで植物によって処理されるという点にあります。もし、植物がこれほど高い効率と仕事能力を備えていなかったとしたら、私たちがこの地球で生きてゆくことは不可能だったでしょう。したがって、植物は地球上のあらゆる生産活動の隠れたメインエンジンなのであり、私たちにとって、食べ物や酸素を供給してくれるためだけではなく、秩序を維持するためにも必要な存在だったのです。

ところで、私たちの出発点である細胞は、生物の進化と環境破壊を考える上での時間のスケールをも与えてくれます。地球で最初の細胞は、三五億年前、海の中で生まれました。これは、今の私たちにとっては有毒だった原始大気の下での出来事でした。小さな分子の数々が、あらゆる生物を形づくるタンパク質、炭水化物、脂肪といった、驚くほど複雑な構造をもった物質の素材として使われてゆき、そうして多量の分子が消費されたのです。この生物組織の形成過程は、進化する生命の化学反応プロセスへさまざまな物質がそれぞれ適切に当てはめられてゆく過程であったと言えるでしょう。原始大気中に含まれていた私たちにとっての有毒物質は、このようにして減少していきました。つまり、乱雑さを減少させる細胞の活動が始まったのです。大気はどんどん浄化され、高等生物にとってはますます歓迎すべき状況となったわけです。

最初の頃の原始的な細胞に拘束されていた水銀や鉛、カドミウムといった重金属のような有毒物質の一部は、生物の素材として使われることももちろんなく、細胞の死とともに海底や地底の奥深くへと沈んでいきました。そして、死んだ細胞は、その後、それらの有毒物質をためこんだ石油や石炭などの鉱物へと変化したのです。

私たち以前に地球上に現れた原始的な生物が高等生物の出現する環境を整え、私たちの揺りかごを用意するのには、実に三〇億年以上の年月を要しました。その間、細胞は鉱物を集めて貯蔵し、大気と海洋を浄化し、酸素と食料を生産してくれていたのです。つまりこの地球では、秩序をもたらす細胞の活動が、太陽エネルギーの助けを借りながら、秩序と乱雑さの関係を逆転させていたということです。すべてを破壊し去る宇宙の永遠の流れも、何十億年かの間、宇宙空間の中のほんの小さな一領域においてのみ、逆に流れていたのです。その場所が、生物が生を営む地球の薄い表層、私たちが生物圏と呼ぶ所にほかなりません。

さて、植物細胞の量が充分に増え、地球がすっかり浄化され、さらに酸素もたっぷりつくられてしまうと、それまでになかったもっと複雑な生き物の進化が可能になります。それは草食動物です。草食動物は動き回り、食べたり呼吸することができます。消化の過程で植物を分解し、そこで植物の栄養に拘束されていた太陽エネルギーが解放され、そうしてそのエネルギーが筋肉へと与えられる結果、草食動物は動き回ることができるのです。

草食動物は眠っているときでさえ、乱雑さの増加を引き起こしています。というのも草食動物は、消化器官で植物を分解することで生きているからです。しかしながら、そのようにして草食動物がつくった分解物は、また植物細胞が再生するための素材として役に立ちます。こうして、動物と植物の間の栄養物質の循環が始まったわけです。私たち人間の細胞から出た老廃物も、植物にとっては〝建築材料〟です。それに植物の再生効率は、人間あるいはそのほかの動物のいずれにとってもつねに充分なものでした。

実は、動物の側での排出物（植物にとっての新品素材）の発生と、動き回れるという動物の特徴は、さらに複雑な新種の植物が地上に多数出現するための前提条件でもありました。生物の進化の

図－3

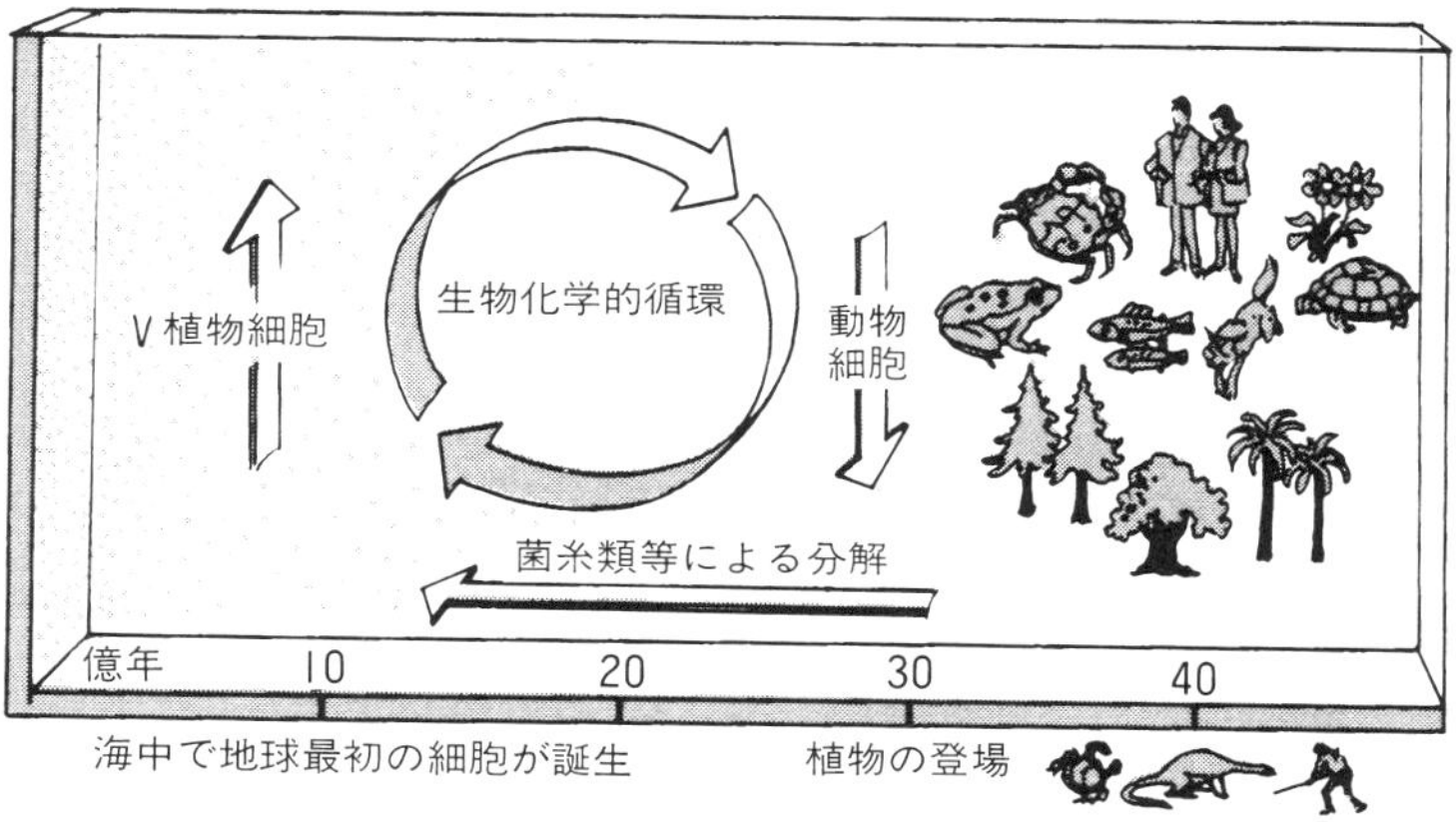


数十億年の間に、生物は海水中の単細胞組織から、陸上の動植物へと発達を遂げた。今ある天然資源はすべて、元来有害で価値のなかった海水中や大気中の分子の混合物が、太陽をエネルギー源とする循環――中でも植物と協調した水の循環――の働きで濃縮され、合成されてできたものである。その際、物質の分解プロセスと合成プロセス両者の関係を建設的なものにする原動力として最も貢献したのが、植物の光合成の働きである。原始の大気と海洋に含まれていた分子がこの万物創造のプロセスで消費されたおかげで、私たちは清浄な空気と海を手に入れることが出来たのであった。

最初の何十億年かは、言い換えれば、動物の細胞が生まれるためのある種のエンジン始動機として機能したと言えますが、その後の動植物相互間の栄養物質の循環の中ですばらしい進化が生じ、これにより自然はますます豊かな多様性を獲得したわけです。そして私たちもまた、この多様性の一部を成しているのです（**図－3**参照）。

そして今、恐ろしいことが起こりつつあります。この何百年かの間、私たちはこのプロセスを逆行させてきたのです。そのため、現在の私たちは、生態学的発展の過程を有毒な大気や海洋に向かって逆にたどっているということになります。それも猛烈なスピードで……。地球上の生物細胞には、もはや自分たちの処理能力を超えてしまった有害物質発生プロセスの流れを変える力はありません。

　廃棄物質、それもとくに工場の煙突や排水管から排出されたり、ゴミ捨て場やスラグ[1]の廃棄場に廃棄されたもののおかげで、何十億年にもわたって減少してきた有害物質の量は、今や増加に転じています。とくに石油や石炭、鉱石の中に潜んでいた有毒物質が、人間の手で掘りだされては放出されています。また私たちは、鉛や水銀、カドミウムといった、自然界で決して分解しない重金属の放出も行っています。さらにＰＣＢ[2]やＤＤＴ[3]、そのほか、多種にのぼる有機塩素化合物のように、過去数十億年間、生物細胞が一度も出会ったことのないような環境汚染物質も生産されています。人間より先に地球に現れ、大気の浄化を引き受けてくれた生態系も疲弊し、荒廃させられてしまいました。私たちはこの一〇〇年ほどのうちに植生を荒らし、動物の種の構成を傷つけて、生態学的発展の行程をさかのぼり始めてしまったのです。後ろ向きの進化[原注4]を通じて私たちは、有毒な大気と海洋の世界へ帰って行こうとしているのです。

　地球上で生物が生きてゆけるための基礎条件の一つは、水が存在していることです。水の惑星＝地球の生き物である私たちの体は、その三分の二が水分で、陸上動物といえども、その細胞内で営

(1) 金属を精練した後に出る鉱石などのカス。

(2) ポリ塩化ビフェニル。電気絶縁体として優れた性質をもち、またプラスチックやノーカーボン紙の製造にも使われた物質。しかし、毒性が強い上に分解しにくく、食物連鎖を通じて生体濃縮を起こす。日本では現在、法律でその製造、使用、輸入が禁止されている。

(3) 一九四〇～五〇年代にかけて世界中で使われた有名な有機塩素系殺虫剤。発ガン性、催奇形性あり。

**原注4**　Eriksson K-E, Robért K-H. *"From the Big Bang to cyclic societies"* Reviews in Oncology 1991. Vol4, no2 ; 5-14.

まれる各種生命プロセスには水が重要な役割を果たしています。生命に恵みを与えてくれる水が高価で貴重なものとされている地域も、世界には数多くあるのです。しかし水は、絶えざる移りゆきの中に存在しています。蒸発して海から空へ、雨となって空から陸へ、河川や地下水を経て陸から海へ、そしてあらゆる生き物同士の間で……。私たちは生物圏の血液循環を形づくる、ほかの惑星には類を見ないような水の循環に頼って生きているのです。なぜ私たちはこの事実を忘れて、乾燥や塩分濃度の上昇、土壌流失を招くような近視眼的な行動を許してしまったり、ゴミをさっさとほかの場所に送りだして、後はもう消えてなくなったかのように振る舞ったりしてしまうのでしょう?

また、屋外で雨が降るのは誰でも知っていることで、私たちもテラスの家具を夏の夕立ちから守ったりすることには熱心なわけですが、水は、誰もが家庭で毎日使っている非常にユニークな溶剤でもあります。だとすると、地中をさまよう水の中に、水溶性のあらゆる物質が溶け込んでいる事実から目をそむけてしまっていいのでしょうか? 私たちの使った、自然界になじみがなく、分解もされない物質が、飲み水となる地下水にまで行き着いている点はどうでしょうか? さらにそうした分子ゴミが地下水系を旅して、みんなの守ろうとしている湿地帯や、水がめでもあり、水遊びや釣りを楽しむ場でもある河川にまで運ばれていることは、よいとするのでしょうか? 私たちと自然界の間を行き来する、この水……。

私たちは細胞と同様、自然界の循環に従って行動していかなければなりません。つまり、廃棄物は自分たちで管理し、生産プロセスに再投入することが必要です。自然科学の学問的基礎も一九世紀末にはすでに、このような判断をするのに充分なレベルに達していたのですが……。そして、廃棄物の回収・再利用システムや環境にやさしいライフスタイル、さらに効率的な生産方法をもってしても自然界に漏れでてしまう廃棄物があるとすれば、それは自然の循環が処理できる範囲のものにとどめなくてはなりません。これは、自然界にとって未知の安定した化合物や有毒な重金属のように自然の手に負えない物質の漏出を絶対に許してはならないということです。現実の廃棄物回収システムが完璧であることは決してないのですから、そうした物質は、精密に管理された工業サイクルの中でのみ、小規模の例外として使用されるべきでしょう。しかし、そのようなことは今もってなされておらず、何千種類におよぶ有害物質の分子ゴミが、日々自然界に蓄積しつつあるのです。それらの物質の濃度には、それぞれ自然界で超えてはならない上限値が存在しますが、自然界の途方もない複雑さゆえ、その値は分かっていません。にもかかわらず、今日多くの政治家や財界人、そのほかの意思決定者層は、長寿命のフロンや重金属類、窒素酸化物、そのほかの分子ゴミのそれぞれの中で、どれが一番危険なのかを科学者が教えてくれるまで、この問題に取り組むのを待っているのです。

現在の人類の繁栄は、そのすべてが自分たちで調達した天然資源によって築かれたものです。資源を荒廃させてしまえば、私たちはツケの支払いに追われることになるのです。魚を捕るのに昔より広い範囲を船で走り回らなければならなくなった結果、漁業の操業コストはすでに上昇していま す。これは有毒物質による汚染や乱獲によって、魚群がまばらになったことが原因です。また、食卓にのぼる食料を得るのにも、産業界のエネルギー効率低下がとくに影響し、ますます大量のエネルギーと原材料が使用されています。同様にして石油や石炭、各種鉱石類の採掘コストも上昇しつつあります。これは、リサイクルもせずに浪費ばかりをつづけるにつれ、どんどん深いところまで掘り進まなければならなくなったためです。

酸性化した湖沼の中和処理コスト、最終処分場での廃棄物の貯蔵費用とそのための安全対策費、鉱石採掘残土の埋め立て処理費用、ゴミ捨て場の古冷蔵庫から漏れでるフロンの無害化対策費、高騰する自治体の清掃関連施設費、ゴミ処分場の土地コスト、国民の財産である森で、農場で、そして街中の建築物で増大する酸性雨被害——環境破壊のコスト一覧表はいくらでも長くすることができるでしょう。しかし最大の問題は、これまで主として対症療法にすがったり、懸案をどこかほかの所に押しやるか、将来に先送りすることにばかりお金が使われてきた点にあるのです。問題の根本原因と取り組まない限り、前記のようなコストは加速度的に増加してゆくことになるでしょう。

環境破壊がこのまま止められなければ、私たちは有毒物質のゴミの山の上で貧困と闘うはめに陥ります。つまり何十年かの間は、銀行の預金額やら身の周りのがらくたやらを見て、拡大する富の幻想に浸っていることができても、現実にはどんどん貧しくなっていくということです。しかもその現実は、もはや私たちに追いつこうとしているのです。このような状況を脱けだすためのナチュラル・ステップからの最重要メッセージの一つは、「経済と環境保護との間に、対立する点など本来一つもあろうはずがない」というものです。したがって、私たちがなすべきなのは、自然と経済の両方に目配りをしながら天然資源の浪費を止め、自然界の手に負えない物質の排出を完全にストップし、植物などの自然が処理できるゴミに関してもその排出に制限を加えることです。私たちの経済は、ひとえに資源を使いやすい形で提供してくれる自然の能力に依存しているのだし、その資源の浪費や荒廃のツケはいずれ払わなければならなくなる——第一線のエコノミストや財界人の間では、このような認識が一層広がり始めています。そうした認識をもった人たちは、エコロジー学者と協同して、経済学の従来型視点の全面的修正・補完を進めています。社会の成り立ちのいかなる側面においても、その根本には自然環境に対する配慮がなければなりません。でないと、どんどん開いてゆく蛇口はそのままで、水浸しの床を乾かそうとするのに等しいことになってしまうのです。

なぜ、環境破壊が今までこれほど進むに任されていたのか、と不思議に思う人もいることでしょう。そこで、最初にとにかくわきまえておかなければいけないのは、邪悪さと貪欲さが人間の一番顕著な特性だとしても、それだけが諸悪の根源というわけではないということです。また、環境問題に幽霊のようにつきまとう「利害対立」のことを耳にする機会も多いのですが、それはごく短期的にものを見た場合にしか当てはまりません。環境保護は、自分たちの利益を脅かすものだと誤解する人も出てきかねないため、利害の対立云々という話は得てして危険でさえあります。実際には、万人の利益を脅かすのが環境破壊であり、日々の「利害」などに比べれば、私たちの自己保存本能と子どもたちへの愛情のほうがずっと強くて深い感情です。ほとんどの人は、未来がどうなって後の世代にとってどういうことになるのか、まったく無関心なわけではないものの、ただ少しばかりのお金をかせいだり、空っぽの車を猛スピードで飛ばしたりできればいいと思っているだけなのです。確かに「「それなら原始の生活に戻れば？」というような」反動的な皮肉屋もいるでしょうが、それ以外の私たちもまた、環境破壊の一部を担っているのです。このことを、いつも忘れさせてしまうのはいったい何の力なのでしょう？

では、環境破壊がここまで進んでしまったのはなぜかというと、その決定的要因にはシステム的視点の土台になる知識の欠如があります。これは、指導者層や一般大衆の間に広く見られる現象です。たとえば、皆さんは税金とは何かを知っているでしょうし、自分の仕事をこなすのは得意でしょう。しかし、細胞が生きて行くのに何が必要か知っている人はあまりいませんし、生態系を支配する自然の法則に通じている人や、経済とエコロジーの関係についてじっくり考えたことのある人は稀(まれ)なのではないでしょうか。これは今まで、生命が自らの手で基本的生存条件を管理していたために、人間は手だしをする必要がなかったというだけのことなのです。私たちが自然の用意した生計の基盤を離れて、自分たちの領土で繁殖する傾向を強めていることもその原因の一端です。

環境破壊の背後にある全因果関係のダイナミズムを再び一本の木にたとえるならば、私たち自身はその木のてっぺんに座り、枝先の葉をめぐっておしゃべりしているサルの群れにたとえることができるでしょう。私たちには、根や幹や何本もの枝から成る木の全景が見えていません。そして、葉の一枚一枚が個々の環境問題です。

「この葉っぱは本当に病気だろうか？　それともこの色は、自然界では普通のバリエーションなのかな？」

「フロンって亜酸化窒素[4]よりもオゾン層に悪いのかね？」

「温室効果は現実の問題になってくるんだろうか？　氷河期がくるから全然平気なんじゃないかな？」

「石炭や石油が燃えたときに出る二酸化炭素は、実際どれだけ危険なんだろう？　使用済核燃料の危険性や原子力が核戦争につながるリスクと比べても、二酸化炭素の排出は危ないことなのかな？」

「原子力と化石燃料の両方を使用中止にする手立てってあるんだろうか？」
「そのうちきっと科学者の連中が、病気の葉っぱはどれか教えてくれるだろうから、そうしたら摘み取ればいいいさ」

そう言いながらもほとんどのサルは、これらの問題にこういう形で向き合わされた場合の科学者の意見が決して一致に至らないことを知っているのです。それに葉のことで議論している一方で、枝や幹を見ているサルは全然といっていいほどいません。しかし幹も枝も、前に書いたようなプロセスをたどって、じわじわと風化が進んでいるのは明らかです。なぜなら、私たちも自然界も、ゴミから新しい資源を生みだしているわけではないし、地下資源は使われた後、分子ゴミやもっと目に見える形の排出物として空気中へ、水へ、土へ、生物の体へと、回収不能な形態でまき散らされているからです。

また、人間に限られた感覚機能しか与えられていないことも、現実の状況に対する認識が欠落してしまう一因になります。私たちにはゴミの全量も見えないし、土壌や大気や水の中で、有害な重金属や自然界にとって未知の安定した化合物の濃度が上がってゆくのも見えていないだけのことなのです。

ここで一つ、思考実験をしてみましょう。

---

（4） 分子式$N_2O$。自動車の排気ガスなどに含まれ、オゾン層破壊作用と温室効果促進作用をもつ。

車の排気ガスが、まったく無害とはいえ見た目も不快なプラスチック片の形で排ガス管から出てきて、回収システムもなく、自然の循環にもなじまないために地球的レベルで増加していったとしたら——こんな方式の車を許せるという人は、一人もいないでしょう。なぜこういう結果になるかというと、車の排出物が増えてもよいものには見えないことと、それがグローバルな生活環境に対する脅威につながることへの抵抗感が生じるためです。

私たちの現実認識の仕方でもう一つ問題なのは、私たちに備わっている信じられないほどの適応力の高さです。普通ならばそれは強みになりますが、事が環境破壊となると、同じ適応力の高さでもそれはむしろ弱点というか、「感覚マヒ」とでも呼ぶべきものと言えるでしょう。七〇、八〇年代のスウェーデンの家庭では、国内の河川やバルト海で捕れた魚など、身近な自然から生まれた食品を敬遠する傾向が広がりました。今では、グリーンランドなどの別の地域産の魚を求める人がさらに増加しています。こういう人たちは、家に帰って「これからもスウェーデン産の魚はやめておこう」と心に決めると、夜は深い眠りについてしまうのです。この状況が、奇怪なものであることをよく考えようともせずに……。現在ある生態系が出来上がるまでには、何十億年という年月を要しました。そして今、ほんの何十年かの間にダメージを受けた自然界の食物を敬遠している私たち——でも敬遠されているその食物も、私たちと同じ細胞から成っているのです。

しかしながら、環境を破壊する私たちの行動の陰にある要因として考えられる中で一番大きいのは、自己の行動の影響力を過小評価し、「どうせ何も変わらないから面倒なことはやめておこう」と考える「〝何も自分がやらなくても〟的態度」とでも呼ぶべきものでしょう。これはつまり、「ほかの連中が誰も気にしていないことに、なぜよりによって自分が煩わされないといけないんだ?」、

「もし、環境にやさしいとかいう値段の高い商品を買ったり、工場の生産工程を変えたり、車に触媒をつけたりする人間が、ほかに一人もいないとしたら、どうしてこの私がわざわざそれをしないといけないというのだ？」という態度です。環境への貢献を今から始めておけば、必ずみんな後からついてくるということが信じられない人には、将来への投資を控えることで得られる目先の利益のほうが充分魅力的なのでしょう。しかし、現代人のほとんどが抱えているこのような葛藤にも、解決の糸口はあるのです。

これまでの経験から明らかになっているのは、「良識的に見て、価値があると思える目標に向かってともに努力している多くの人々の存在を感じたとき、それだけで人は進んで目標実現の一助を担おうとするのが普通である」ということです。八〇年代、車に排気ガス浄化用の触媒の装着を義務づける法律が必要ではないかと言われ始めただけで、触媒は環境への貢献の手段として人々の信頼を勝ち得ました。そして、車メーカーは市場での競争材料として触媒をすぐに活用できるようになり、法律は短期間で必要なくなってしまったのです。法案では旧式の車は対象とされていなかったにもかかわらず、古い車の所有者たちは修理工場に乗りつけ、後付けタイプの触媒を競って求めたのでした。同様のことが紙製品でも起きています。「塩素漂白された紙製品は、みんなも買わないようにしている」と信じる人が増え始めてまもなく、そうした製品の多くが店の棚からあっという間に姿を消したのです。しかし、これまでの経験から言うと、同調者がいないために意義が感じられない場合、たとえそれ自体は名誉なことであっても、環境のためになる行動を率先して取る人は少ないようです。

この問題をクリアするためには、何かの役に立ちたいが今のところどうしていいか分からない、という人たちの連携強化を是非とも成しとげなければならないでしょう。手を差し伸べ、支えることで、行動に移れないまま欲求不満に陥っている人々が、共通の目標へと歩み始めるかもしれません。そこに、現代の荒削りながら強大で、これまで活用されることのなかったポテンシャル［潜在力］が眠っているのです。それはきっと、最低の皮肉屋や反動主義者を説得し、改心させて得られる変化のポテンシャルより強力です。そして、その力を引きだすインセンティブ［刺激策］の限界を定めるのは唯一想像力のみです。つまり、想像力が豊かであればあるほど、多様なインセンティブが可能になるのです。

たとえば、コミューンの政治家が、明日にでも街の大通りの何ヶ所かにこんな標識を立てたとしたらどうでしょう？――「無排気ガス車専用」。電気自動車の市場が、たった一日で出来上がるのではないでしょうか。もう一つ、これはあまりにもよくできているので、あえて信憑性を確かめることはしませんでしたが、ノルウェーの例です。ある年、スウェーデンの「赤い羽根」の募金集めは着々と進んでいたのに対し、ノルウェーのそれはさっぱりでした。そこでノルウェー人のプライドを少しばかり刺激するために、ホルメンコーレン(5)にスウェーデン国旗が掲げられ、ノルウェーの募金額がスウェーデンのものに追いつくまでは、その国旗は降ろされることがない旨の声明が出されました。すると、この刺激策は非常に強烈に受け止められたため、ノルウェー国民一人ひとりが同国人の協力を信じて自分も募金せざるを得ない状況となり、一夜にしてスウェーデン国民を打ち負かすほどの成果が得られたというのです。

ここで、私たちが毎日いやでも目にしなければならない、ありとあらゆる利害の対立状況に対し、今書いたようなものの見方が果たして本当に現実性をもつものなのかいぶかる向きもあることでしょう。しかし、実際それは現実的なものであって、各種の環境保護対策に反対している人でも、対策をとることそれ自体が不要であるという意見を述べることはほとんどなく、反対意見に耳を傾ければ、むしろその逆であることが多いのです。環境対策も、ほかとの連携を欠いた、力のない、それゆえ大きな効果を上げられないと見なされたものには信頼が集まることもありません。

「なぜ、高速道路でスピードを落とせというのだ？　街中では車が渋滞してるし、最悪の汚染源の代名詞みたいな大きな工場もあるのに」

これもまた、「〝何も自分がやらなくても〟的態度」の一例です。「どうして自分を犠牲にする必要があるんだ？　ほかのみんなは誰も……」

この話は産業界にさえ、かなりの程度当てはまります。一つの産業が生き延びていくためには、短期的なビジネス面での基本条件にも配慮をしていかなければなりません。しかし、循環社会の実現に向けてシステマティックに取り組み、自らの企業の枠をはるかに越えたところで、環境のために良いことをしながら業績を向上させる、そんな方法もあるのです。この点については、「第6章　エコロジー的企業経営システム思考」および**付録5**でさらに詳述することとします。

でも、ほかの国はどうなのでしょう？　たとえば鉛や水銀、カドミウム、あるいは長寿命の有機塩素化合物などの製品への使用中止を合意するのも、ここスウェーデン国内でなら当然可能でしょ

(5)　オスロを見下ろすスキーのジャンプ台がある丘。

う。また、スウェーデンの農業を、持続可能なものへと発展させることもできるでしょう。しかし、海外マーケットにおけるスウェーデン製品の競争力はどうなってしまうのでしょうか?

確かに、スウェーデンが、外の世界への考慮を抜きにして発展することができないのはもちろんです。このジレンマから抜けだす一番賢明な解決法とは、おそらく持続可能な社会を目指して努力する国内市場をできる限りすみやかに構築するとともに、海外市場が環境保護に目覚めるまでの過渡期の間は、旧製品の製造・輸出も認めることではないでしょうか。例を挙げれば、紙製品に関しては私たちはこの方針通りに、すなわち私たち自身はもう望んでいないにもかかわらず、塩素漂白した製品の製造と海外への輸出を継続したのでした。しかし国内の消費者が塩素漂白にストップをかけたおかげで、スウェーデンの紙パルプ業界では環境対策が進み、今やその分野で世界市場をリードしています。そして、そのような市場こそ、明日の市場そのものなのです。塩素漂白追放の動きは、いまや世界に広がろうとしています。「明確な良き実例は、つねに議論や警告にまさる影響力をもつ」――したがって私たちは、良い模範となるための取り組みをシステマティックに進めなければなりません。

ところで、スウェーデン国内での環境対策が大きな意味をもつのか、という不安もあることでしょう。というのも、諸外国での環境破壊のほうが目にあまるものだからです。「国内で重箱の隅をつっつくようなことをしてないで、もっとひどい状態の国々の環境改善策に税金を使って投資したほうがいいのではないか?」という意見もありますが、もし先進工業国の全部がそのようにしたとしても、問題は解決しないでしょう。なぜなら、先進工業国こそ、人口一人当たりで見たときの大気中への分子ゴミ排出量が一番多いからです。この比較は、東欧諸国のような国々との間であっても成り立ちます。したがって、そうした国々で割合大きな地域的問題が発生しているのも、生産様式やライフスタイルが、西側先進国と基本的に違っている点に第一の原因があるわけではないのです。その代わりに原因として考えられるのは、人口密度の違いや、ほかに地球規模の問題につながる物質も排出されているものの、たまたま特定の排出物質が比較的大きな地域的問題を引き起こして目立ってしまっている場合、あるいは、スウェーデンでは排出物質をさまざまな方法で集めて問題を先送りする手段をもっているのに対し、それらの国々ではそのような手段をもっていないことなど、多数の要因が挙げられます（しかし、フィルターで集めるなどして貯めこんだものをいったいどうするつもりなのでしょう？）。いずれにしろ、東欧諸国のような地域で起きている環境問題に身震いするとき、そこに実際見ているのは、私たち自身の未来にほかならないのです。

持続可能な社会を築き上げることは私たちスウェーデン人の第一の責任であり、現在、そうした取り組みが遅れている国々に対して、いずれ援助の手を差し伸べるための前提でもあります。世界全体が今日求めているような生産方式やライフスタイルを開発することなく、短期的視野にもとづいて他国の援助だけをすることは許されません。持続可能な社会の建設と長期的視野からの他国への援助――私たちはこの両方を目指して、奮闘努力すべきなのです。

おそらく世界が今、何にもまして必要としているのは、持続可能なエコロジー的ライフスタイル構築への道のりを示してくれるモデル国家でしょう。その場合、モデル国家なりうる前提条件を備えている国々にはとくに大きな責任があります。私たちが、ここスウェーデンでモデルとなる社会の建設を急ぐならば、それは海外諸国にとって非常に大きな意味をもつのではないでしょうか――そう、世界中のどんな道しるべよりもずっと大きな意味を。その上、このことを最初に理解した国や業界は、未来の覇者となることでしょう。持続可能なエコロジー的生産方式や環境テクノロジーは、遠からず最も重要なマーケットになると考えられます。そこで取引されるのは、生産効率をアップし、エネルギーを節約する技術であったり、循環テクノロジーであったりするでしょう。この循環テクノロジーとは、資源を分子ゴミや目に見えるゴミにして浪費せずに、素材として人間や自然に再利用させてくれる各種のシステムを開発する技術のことです。こうしたテクノロジーの応用により、原料とエネルギーの使用量が減少し、ゴミの山の成長が止まり、自然界における有害物質の増加に歯止めがかかれば、結果は成功と言えます。

このようにして出来上がった持続可能なシステムが機能していくためには、私たちは自分たちの文化を築く必要があります。その結果、生産活動が持続可能性のワク内で行えるようになるまでは、特定の製品や特定のライフスタイルは、当然あきらめなければなりません。持続可能なエコロジー的ライフスタイルをすみやかにつくり上げた国では、将来、省資源と経済の好調維持、国民の健康という、三つの利益をすべて享受できるでしょう。しかし、それに成功するには私たちの強い意志が要求されます。それも長期的に見て、事実上ほかに選択肢は残っていないのだという認識と、進路の変更は後に延ばすほど苦痛や高い代償をともなうものになるのだという洞察にもとづいた強い意志が必要なのです。

環境問題の分野で早急に魅力的なモデルをつくり上げる必要性は、貧しい国々との国際関係の面からも言えることです。私たち先進諸国の消費活動は、貧しい国々から通じている資源物資の強力なパイプラインによって維持されているものです。そして、そのような貧しい国々では、国民は資源の売却によって本来得られるはずだった、自分たちの社会の民主主義的発展という果実を手にすることができずにいます。また私たちは、廃棄物の一部を船に積んで、こうした国々に送り返すことさえしましたし、人類の共有する大気と海に分子ゴミを盛大に放出しつづけているのです。自然と私たちの隣人と、そして未来の世代に対して、これほど非倫理的な行動様式を放棄することは、自分が犠牲になるなどということではなく、むしろ文化の発展ととらえるべきでしょう。

こうした背景に対比してみると、機能マヒに陥った国際政治の現状には胸が締めつけられるような思いさえ感じられます。それにこれは、世界の最も豊かな国々の間だけで顕著に見られる現象ではありません。また、アメリカやEU、スウェーデンなどでは、二酸化炭素のような物質の「排出抑制コスト」について議論が戦わされていますが、これはまったくの無知にもとづくものですし、効果的な二酸化炭素排出抑制策の提案も、競争力の低下が心配なために躊躇されています。しかし、このような行動様式が、誤った将来見通しと誤った展望の上に成り立っているものであることは証明することもできますし、そもそも二酸化炭素問題の議論は、間違った前提から出発しているのです。というのも、温室効果はほかとの関係をもたない独立の変数とみなされる一方で、石油の異常とも言える入手のしやすさ、酸性雨対策のコスト、石油燃焼時などに二酸化炭素と同時に排出されるそのほかの分子ゴミの処理コスト、二酸化炭素の排出につながる石油以外の地下資源（石炭、天然ガスなど）の浪費にともなうコスト、明日の技術に向けての産業界の投資、この問題に対する市場の対応……といったそのほかの変数は、定数かそれ以下の扱いを受け、見えないところへ追いやられているからです。もし、アメリカが日本やヨーロッパにならって、自動車用化石燃料［すなわち軽油やガソリン］に対する高率課税に踏み切っていたならば、アメリカの自動車業界はもっと早い時期にエンジンの燃費改善を余儀なくされ、その結果、今頃は日本車にももう少し太刀打ちできていたはずです。最近の研究では、環境保護への強い要求と強力な環境保護奨励策の存在が経済発展を妨げることはほとんどなく、むしろその業界の競争力を高める、革新的な変化を促す方向に働くとの結果が明らかにされています。

アメリカの環境保護局（ＥＰＡ）は、アメリカ政府の二酸化炭素排出課税に対する消極的態度を、自然界を考慮に入れない、狭いシステム的視点から見ても根拠のないものとまで断定しています。つまり、アメリカ政府の分析には、二酸化炭素排出税収入から生じる効果や化石燃料の輸入減少による利益さえ取り入れられていないのです。ダイナミックなシステム的視点の欠落と、「環境保護には金がかかるものだ」という伝統的な考え方は、そのまま今日の先進工業諸国の行っている壮大な愚行へとつながるものです。そのような行いは、厳密に自己中心的に考えてみても、将来高いものにつくことになるでしょう。また、環境保護団体や最高の知性を誇る科学者の一部には、根底にある問題を捉える幅広い視野をもたないために、「利害対立」を煽り立てることに力を貸してしまっているケースも見られます。本来対立する必要のないものが対立させられ、膠着状態の中に閉ざされているのです。

それでは、私たちには一人の個人として何ができるのでしょうか？　あらゆる事柄の中で何よりも大切で、しかも私たちが忘れがちなのは、自分の知識に責任をもつということです。知識と展望を身に着け、そうして罪悪感からではなく、システム的視点にもとづいてライフスタイルを変えてゆくための具体的な取り組みに着手することは、新しい循環社会文化の構築を助ける上で最も効果的な方法ですし、自然に対するこれまでの人類の貢献も、その重要なものはいずれも理解と具体的な行動に根ざして行われてきた事実があるからです。そして、経験の示すところによると、社会の変化というものは、人類普遍の重大問題に気づき始めた人の数が充分に多いと言える水準（おそらく人口の一五パーセント程度）にまで達した途端、急速に起こる可能性があります。塩素漂白紙が姿を消したケースもベルリンの壁の崩壊も、その例なのです。

# 第5章　単純化を排したシンプル主義

自然の法則と調和のとれた魅力的な社会モデルという、一つの新しいパラダイム［思考や認識の枠組み］がまだ創造されていない段階で、確信をもって将来を見通すことは不可能です。環境破壊が万人の脅威、つまり誰にも共通の問題となっているにもかかわらず、私たちは〝利害対立〟の虚構で彩られた議論に苦しめられているのが現状です。私たちがサルのように座りこんで木の葉をめぐって口論している間に、幹も枝も枯れ衰えつつあるのです。木が衰えていくこのプロセスについての私たちの科学的見解は、すでに一九世紀の末から一致していたのですが……。

ものごとの入り組んだ関係や複合的な現象といった「複雑さ」を扱おうとするときには、適切な基礎を簡潔かつ明確に公式化するのが一番自然でしょう。中にはそのような観点から解明を進めるだけで、錯綜した関連事象についても充分判断が下せてしまう場合も多いものです。つまり、一つの問題が解決されると、結果的にほかの問題も解決されてしまうということです。エドワード・ゴールドスミスの言うところの「ソリューション・マルチプライヤー［多重効果型解決策］」です。それに、その簡単な基礎がそれほど充分なものでないにしても、結局何もないのに比べれば、ましな装備が手に入ったと言えるでしょう。大きく複雑な問題に対するこのような科学的方法論は、だからといって複雑さを軽視するものではないのであって、事実はちょうどその反対です。最も有効な方法論「単純化を排したシンプル主義」は、複雑さに対する配慮とともに選び取られるものなのです。

政界での環境論議を分析してみると、それは混乱して矛盾に満ちたものに映ります。これはまさに、基礎レベルの因果関係を究明しないうちに問題を扱ったり語ったりしてしまう私たちの性癖のためでしょう。具体的な事実やデーターによって構成される、表面的レベルの因果関係に焦点を当てることが必要な場合も多々あることはもちろんですが、確実な基礎から出発しないまま、行動の選択肢まで同じ表面的レベルでさぐって満足してしまうと問題が生じてくるのです。

社会におけるさまざまな論議に対し、突如として二つの選択肢が提示されることがあります。都市の周りに環状道路を建設すべきか、そうでないのか、原子力の使用を継続すべきか、中止すべきか、オーレスンド[1]に橋をかけたほうがいいのか、下にトンネルを掘ったほうがいいのか、フロンを使った冷凍装置を認めるのか、いわゆる代替フロンのシステムに置き換えるのか、石油をやめて天然ガスに切り替えるのか、石油のままか……。そして、提示された選択肢は、環境についての断片的な個別知識が向き合わされることで評価が行われるわけですが、どの立場からも環境への配慮が重要な動機として持ちだされます。

「環境樹」の葉であるそれぞれの議論では、裁判のときのように情状酌量がされたりしながら二つの立場がはかりに掛けられる一方で、ほかの問題との関連性や、長い目で見たときの動向、すなわち時間的側面に焦点が当てられることはほとんどありません。これはシステム思考の欠如の表れで

(1) スウェーデンとデンマークの間にある海峡。

あり、そうして出る結果は「単純化を排したシンプル主義」とは正反対のものに終わってしまいます。展望の不在は、環境問題の複雑さと、その複雑さがもつ尊さを台無しにし、結局「単純化の果ての複雑怪奇」に至るのです。

「ペストをとるか、コレラをとるか？」という非建設的な議論の背景には、今述べたような事情があります。議論に際して、選択肢の片方でも、私たちの健康や持続性ある繁栄を目指した社会発展との間で理論的に矛盾がないのか、疑ってみる人はいません。後はいずれ、環境に対してより危険性の少ない選択肢のほうに世論が傾いていくことが期待されているのです。しかしそうなっても、依然として賛成と反対の比率はほぼ五〇パーセントずつになるのが普通です。そして〝勝ち〟となった選択肢の長所しか〝勝ち組〟の目には映っていないのに対し、〝負け組〟の目には同じ選択肢の短所ばかりが映る、ということになります。個々の決定は、根本的なシステムのレベルでは統一が取れていないにもかかわらず、最後の合計はプラスになるだろうというあいまいな期待の下で、環境論議も社会の発展も、こうしたやり方に長年ゆだねられてきたのでした。もっと明確な形で、次のようにシステム思考を試みているのはごく少数の人しかいません。

- 私たちが目指して努力しようとしている社会とは、どのようなものなのか？
- 一つ一つの現象は互いにどういった関係にあり、より基本的な因果関係のレベルではどういう位置を占めるのか？
- 時間的側面は問題にどうかかわってくるのか？
- 行動するにあたっての選択肢は何で、どちらをどう優先させるのか？

社会の限られた層だけに問題を提起できる特権的地位が与えられているせいで、浅薄な論議が横行したり、誤りにもとづいた決定が行われてしまうのではないか、という懐疑の念を抱いている人も少なくありません。確かにそれは正しいのですが、だからといって必ずしも政治家や財界人たちが、権力の失墜や短期の経済的損失を恐れて、議論を意識的に〝葉〟の範囲にとどめ、ミスリードしようと努めているわけでもないでしょう。環境問題の現状は、もはや深刻で一刻の猶予も許されない状態のため、汚染と資源の荒廃をつづけながら目先の利益を享受しようとする人の数はどんどん減少しています。もっと長期的な視野に立った投資をしていれば、当然利益も上がるはずなのに、相変わらずの場当たり的プランの下、砂上の楼閣をつくろいながら現実の後追いをしている、そんな人も多いのですが……。

システム的視点の欠如が問題の原因であるもう一つの証拠には、エコロジーを考慮しない狭い観点から見ても、システム的視点の欠落ぶりが顕著であることが挙げられます。企業経済というものを、スタティック［静的］で断片的な視点でしかとらえられないために、有名企業が損失を出し、極端な場合つぶれてしまうこともよく起こります。(原注5) さらには、エコロジー・コンサルタントや環境保護団体自身が、システム思考の不在に陥っていることも珍しくありません。枝葉末節の問題にはまり込んで、どうでもよい議論をし、基盤との接点を失って将来のポテンシャルを落としてしまう傾向は、私たちの誰もがもっているのです。

**原注5** P Senge *"The fifth discipline"*. Doubleday/Currency, N.Y. 1992. なお、前章のアメリカにおける二酸化炭素排出税問題についての記述も参照のこと。

それゆえ、システム的視点をもたらす「単純化を排したシンプル主義」は、非常に複雑な因果関係を扱うための足場を確保するのに不可欠の方法論と言えるでしょう。この方法論は、個別の学問分野で科学者に用いられていますが、ここでとくに重要なのは、学際的な領域にもこれが応用されているということです。

その学際的な問題の一つ、人類の生き残り策を考えるには、持続性ある社会において最低限満たされていなければならない一定の条件を確定することが必要ですが、その条件とは、言い換えれば、健全な社会像として考えうるすべてのタイプの中の最小の共通分母――〝環境樹〟の幹であり、大きな枝である部分――にほかなりません。そうして基礎条件が確定した後は、それに従ったワク内で、人の創造性に隙間を埋める余地を与えればいいのです。つまり、個別の分野ですぐれた知識をもち、正しい展望を把握している人たち自身に末端の枝葉を配置させるということです。こうして舞台の登場人物全員が共同の責任感をもつことで、個別の知識や専門分野の能力が社会発展の一部に組み込まれるようになり、基礎条件に違反することなく多様性が生みだされる余地も得られるわけです。

今述べたようなことが可能であるためには、先ほど〝最小共通分母〟と呼んだ基礎条件が簡潔に定義され、容易に受け入れられるものであると同時に、重要な進路決定を適切にリードしてくれるものでなければなりません。その点、物質不滅の法則と、そこから直接導かれる結論は、必要とされる基礎条件の定義を構成するのに充分なものを備えています。物質不滅の法則とは、「原子の総数は不変である。つまり、どんな物質も消えてなくなることはない(原注6)」というものです。この法則を考察すると、持続可能な社会に関する否定することのできない次のような結論が直ちに得られます。

「集成・組織化された物質の細分化と拡散が、システマティックに行われていてはならない。でなければ、天然資源が減少するのと同時に、生態系では廃残物が一方的に増加する」

物質不滅の法則によれば、物質は新たに生成されることもなければ消滅することもなく、原子の数は一定です。車のガソリンタンクが空になったからといって、ガソリンがこの世から消えてなくなったわけではありません。ガソリンを構成する全原子は、空気中の物質、とくに酸素や窒素と結びついた燃焼物質となって依然存在していて、排ガス管を通って外へ出ていったということなのです。この場合、排ガス管から出ていった物質の質量は、タンクにあったときのガソリンの質量より軽いどころか重くなっています。こうして車のドライバーは、生態系の分子ゴミの増加と、それに付随する酸性雨、富栄養化、オゾン層破壊、温室効果による温暖化などの現象に貢献したわけですが、排ガス管を出た物質、すなわちガソリン燃焼の副産物のその後の行方は、そうした現象の背後に謎のまま隠されています。そして、石油は掘り尽くされて、地上に降り注ぐ汚染物質へと姿を変えられていくのです。

ところで、物質不滅の法則を考察すれば、持続可能な社会の実現のためには厳しくとも譲れない条件が満たされているかどうかを、簡単にチェックすることもできます。ゴミの山の〝成長〟と、生態系における分子ゴミの増加がストップしていればよいのです！

また同法則は、持続可能な社会すべての最小共通分母である循環原理へも自動的に帰結します。

---

**原注6**　核反応と放射性物質の崩壊は例外ですが、それは議論の行方に影響を与えるものではありません。さらに詳しくは、付録2の熱力学に関する部分を参照のこと。

これは、「社会から自然界に排出される廃棄物や分子ゴミは、自然の循環が浄化・処理できる範囲のものでなくてはならない」という原理です。循環社会が物質バランス上の平衡状態にあるとき、物質不滅の法則から、「私たちが食品、バイオ燃料、木材、パルプなど、資源の形で自然界から社会に取り込む物質と、自然界に浄化を託すため、廃棄物の形で自然界に戻す物質の量は、ちょうど同じに保たれなければならない」ということも言えます。そこで持続可能な社会の最小共通分母は、「社会の物質消費が、自然の条件に従って自然の循環の一部に統合されていて、その結果、ゴミの山の成長も自然界の分子ゴミの増加もみられないこと」と表現してもよいでしょう（図4－1参照）。これが〝環境樹〟の幹に当たるものです。

こうした持続可能な社会のモデルを子細に検討するならば、そのモデルが機能するために満たされていなければならない各種の基礎条件も、容易に見いだすことができます（たとえば、エネルギー源になる太陽が空に輝いている、ということもその一つです）。それらの基礎条件のうち、人間の側からの影響がおよび得るものは四つあります。したがって〝環境樹〟は、譲ることのできない必須の四条件、すなわち四本の大枝へと枝分かれしているということになります（図－5参照）。この四条件に対する違反こそが、〝環境樹〟の枝先のほうで起きている問題の根底に潜む、システム的欠陥をつくりだしているのです（図4－2参照）。では、その四条件を順に見ていきましょう。

**●システム条件1　地殻に由来する物質の濃度が自然界において充分低いレベルで安定していること**

限りある地下資源（これは地面の下のデッドストックです）が使用され、放散されて、分子ゴミ

## 図４－１　持続可能な社会

持続可能な社会はサイクリックな物質循環（C）の上に成り立ち、自然の循環（A）に統合された一部として働く。自然の循環の中にある再生可能資源（＝元本）の利息分（a）と、限りある地下資源（B）から節度を守って取りだされた分（b）が、定常的な太陽光の入射から生じるエネルギー（水力、風力、波力、バイオマス、ソーラー等）とともに社会の物質循環の中を周回する。省資源技術や製品の高品質・長寿命化、再使用、再生利用は資源使用量削減につながり、限りある地下資源も長持ちして、廃棄物や分子ゴミの排出量も低下する。社会の物質循環から漏出するもの（c）があっても、それは自然の循環が分解し、再度資源化できるものである。また、循環から漏れでる物質の一部（d）には、何十億年という年月を経て、地下資源へと変えられるものもある。こうして〝元本〟の目減りもなく、私たちは利息で暮らすことができる。

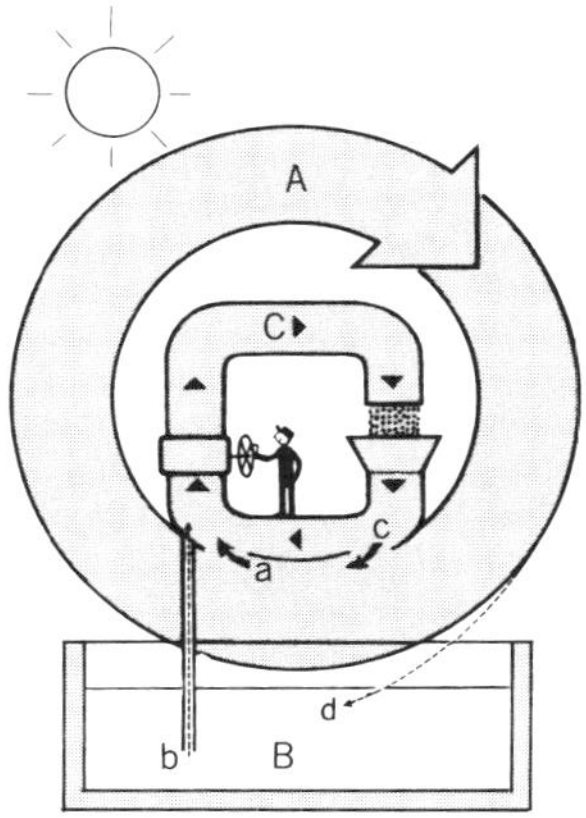


## 図４－２　持続可能性を欠いた今日の社会

持続可能性を欠いた社会は、直線的資源利用（1）の上に成り立つ。地下資源（2）も〝元本〟（3）も失われる一方である。社会は、主に化石燃料や原子力（これも限りある地下資源から取りだされたもの）のエネルギーを使って生産・消費することで、莫大な量の物質を飲み込み、目に見えるゴミ（4）か分子ゴミ（5）の形で排出する。この膨大なゴミの量には自然界の処理能力も追いつかないし、長寿命の有機塩素化合物のようななじみのない物質は、そもそも自然界が処理できるものではない。その上、自然の循環は人間社会による圧迫や種の絶滅によって、純粋に物理的な面においても弱体化させられる（3およびA）。私たちは〝元本〟を食いつぶす生活をし、細胞の生存条件も満たされない。〝利息〟も減少し、私たちは有毒なゴミの上で貧困へと追い立てられる。循環社会を構築する以外、それを避ける手だてはない。

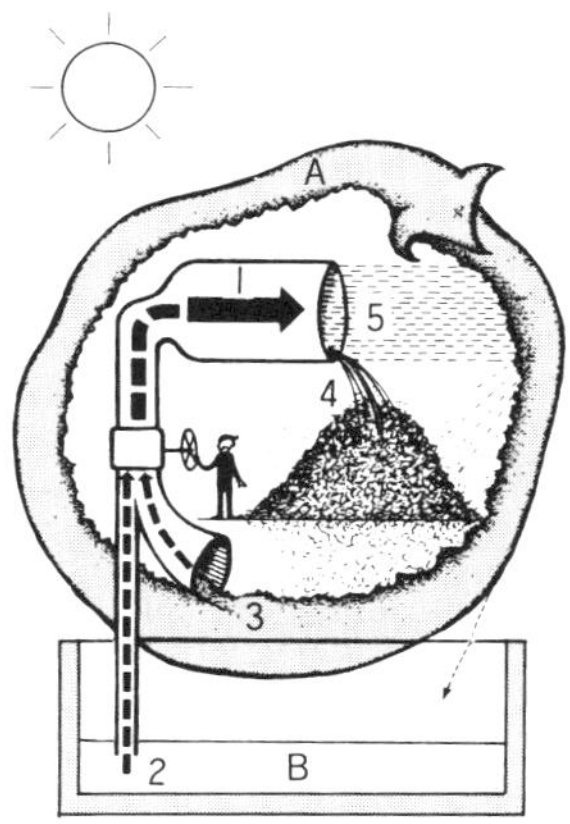

図－5

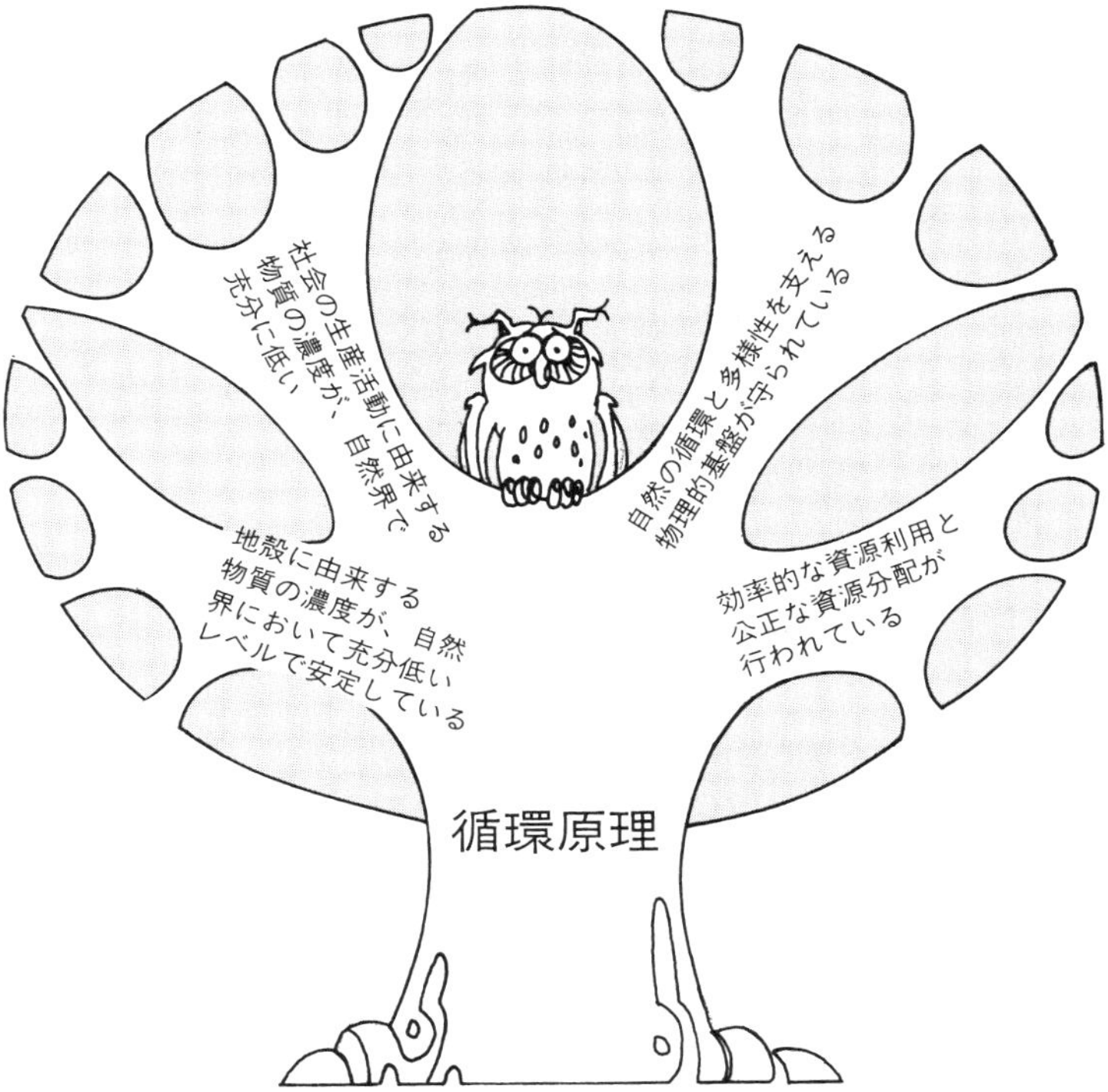
社会の生産活動に由来する
物質の濃度が、自然界で
充分に低い
自然の循環と多様性を支える
物理的基盤が守られている
地殻に由来する
物質の濃度が、自然
界において充分低い
レベルで安定している
効率的な資源利用と
公正な資源分配が
行われている
循環原理

持続可能な社会は、循環原理の上に成り立つ。この循環原理は、たとえば循環のエネルギー源となる太陽光の照射など多数の基本的条件にわかれるが、その中の四条件は人間の側からの侵害を受け得るものであり、そこから派生する因果関係によって、個別の環境問題（枝先の葉の部分）が多数生じてくる。この四条件は、機能的に相互に重なり合う部分がないことと、どんな環境問題も必ずこの内の一つ以上の条件を侵害することで発生することから、基本条件といえる。そして、社会の活動の多くが、これら四つからなる持続可能な社会のシステム条件すべてに違反している。

の増加につながることがあってはなりません。これは石油、金属、そのほかの鉱物について言えることです。原子が消えてなくなることは絶対にないのですから、私たちが地面の下から掘りだした限りある地下資源（**図4－2**の2）には、使用された後、向かう先がどこかにあるはずです。つまり、使用済の分解された資源物質は、分子ゴミなどのゴミとなって、いずれ自然界にたどり着くのです（同図の4および5）。その量は、自然界が化石化そのほかのゆっくりしたプロセスで再び地中の鉱床などに戻せる能力（**図4－1**のd）を超過している限り、増加し続けます。こうして自然界の汚染が進む一方、入手のしやすさまで考慮に入れた地下資源の経済性は低下していきます（**図4－2**のB）。

資源の入手が、理論的に言っていつまで可能かという点になると、それぞれの地下資源ごとに事情が違ってきます（石油や核燃料――数十年、石炭やリン酸塩――数百年、等々）。しかし、すべてが物語っているのは、地下資源の入手可能性の低下よりも何よりも、まず生態系での分子ゴミの増加と、増加した分子ゴミ同士の相乗作用にストップをかけるべきだということです。石油や核燃料のごく表面的な理論上の入手可能年数は、言い方によっては後ほんの数十年しかないとも言えますが、環境の受けるダメージも考えた事実上の年数は、確実にもっと短いものになるでしょう。したがって、今日、地下資源の利用に政治の力によって制限を加える試みが控えめながらなされているということは、たかだか数十年程度の短い期間のうちに、本当に急ブレーキをかけなければならない事態の到来が見込まれているということを意味しています。

省資源策や、工業サイクルの中での資源使用を検討しないまま、残る地下資源を毎年取りだして使いつづけていくと、数年のうちに私たちは、もっとあわてふためくことになるでしょう。「〃経済成長〟など、実際は借りた金で催す大宴会にすぎない（資本は地下資源）」という洞察が、アメリカの環境保護団体をして、次のような表現を生みださせています。

「今から質素な暮らしをして将来に備えよう！　それともあなたは、後でみんなと一緒にあわてるほうを選ぶのか？」（第1章の知的フィードバックシステムの必要性についての記述も参照。）

## ●システム条件2　社会の生産活動に由来する物質の濃度が、自然界で充分に低いこと

これは、社会でのある物質の生産が、その物質の自然界への蓄積を招くような形態と規模で行われることがあってはならない、ということでもあります。寿命の長い物質の自然界への蓄積が起きるのは、私たちの地下資源の消費ばかりが原因なのではありません。もう一つの重要な要因は、私たちが意識的にせよ、何かの排出のついでの汚染にせよ、自然界の処理が追いつかないようなペースでその物質をつくりだしてしまったことにあるのです。これは、いわゆる複合材料などにも当てはまることです。複合材料は、異なる物質ががっちり組み合わされてできているため、元に戻すことができず、ゴミ処分場に蓄積する一方となります。

しかし、最も危険な様相が見て取れるのは、有毒な炭化水素や、富栄養化と酸性化を招く窒素化合物のような、長寿命物質全般の分子ゴミ問題でしょう。自然界には、これまで何十億年もの間、未知の長寿命物質に出会った経験がありません。そうした物質の例としては、多数のハロゲン化炭素化合物（特定フロン、代替フロン、ＰＣＢ、有機臭素化合物、フタレート[2]、塩化パラフィン[3]、ある種のダイオキシン[4]や殺虫剤、農薬など）があります。これらの中には、予想される通り、最悪の

汚染物質を見いだすことができます。以上のことからシステム条件2が実際に意味するところは、「自然界にとって未知の長寿命物質の生産は停止すべきである」ということです。

このシステム条件が破られつづけている限り、先ほど挙げたような物質の分子ゴミも増加しつづけることになります。それらの物質には、それぞれ自然界で超えてはならない未知の限界量というものがあります（**図4－2の5**）。この限界は、概して非常に低いものですが、ここで確認しておかなければならない何よりも重要な点は、「自然界は、分子ゴミの一方的な増加には、いかなる物質のものであれ耐えることができない。そして私たちもまた、その自然界の一部である」ということです。これが、環境論議で一番よく聞かれる問い「自然界の耐性はどの程度なのか？」に対する答えとなります。

---

（2）フタル酸〔$C_6H_4(CooH)_2$〕の塩とエステルの総称。プラスチックの原料などに用いられるが、いずれも人体に有害。

（3）ＰＣＢの関連物質。

（4）二個のベンゼン環の間を二個の酸素原子がつなぐポリ塩化ジベンゾジオキシンと、同様の構造で酸素が一個のポリ塩化ジベンゾフランの総称。ベンゼン環の周囲に結合する塩素の数と部位によって合計二一〇種の異性体があり、それによって程度に差はあるものの、発ガン性、催奇形性などの毒性を有する。ベトナム戦争で使用された枯れ葉剤に含まれていて、その後の奇形児の誕生の原因となったこともあったが、塩素を含むプラスチック類の焼却によっても発生するため、都市ゴミの焼却場からは日常的に排出されている。

## ●システム条件3　自然の循環と多様性を支える物理的基盤が守られていること

自然界の生産力に富む地表が、組織的に傷つけられたり、ほかのものに変えられたりするようなことがあってはなりません。自然の物質循環[原注7]には、人類の生産活動と未来のすべてがかかっています（**図4-1**のA）。その生命力が保たれるには、純粋に物理的な空間というものが必要とされるわけですが、今日の私たちは近視眼的にもそれを開発してしまっているのです（**図4-2**の3およびA）。私たちのシステムのこのような欠陥の中に見いだされる現象としては、たとえば土壌流失、砂漠化、農業用地の減少、林業開発によって樹木の遺伝的多様性が不毛化することによる種の絶滅、人間社会の物理的単純拡大とそれにともなうインフラストラクチャー［道路、港湾、発電所など、経済活動の基盤となる設備］の広大な面積の占有や無分別な治水といったものがあり、さらに無分別な治水が今度は、湿地帯の乾燥化、湖沼や土壌の塩分濃度の上昇、地下水位の低下などにつながるといった具合です。

もはや地下資源を使いつづけることができないという日が到来した暁には——システム条件1によると、それもまもなくであって、システムの変革に対する態度保留を長くつづければつづけるほど、その日は突然やって来るのです——すべてが土地（食糧生産用、材木・パルプ用、エネルギー・工業用、ならびに自然のままに保存しておくためのもの）をめぐる争い、そして、その土地に必要な水をめぐる争いへと転化することでしょう。人工肥料を用いない将来の農地では、独力で作物に窒素を供給してやらなければなりませんし、スウェーデンの農家では農業用エネルギーのかなりの部分を、自分の畑で生産するバイオ燃料で賄わなければならなくなるのは確実です。持続可能な形態で食糧を生産するのには、広大な土地と非常に清浄な水が必要とされます。そのための土地は、人間によって開発されるほかのどんな土地よりも優先されるのでなくてはなりません。しかし、それ以外の社会のエネルギー需要を満たすための土地（＝バイオ燃料生産用地）もその目的のために留保しておくことが、スウェーデンの場合とくに必要です。自然の循環のもつ生産力を、不注意によって物理的に荒廃させせる行為は、私たちが将来の状況を変えるためのポテンシャルを危うくするものと言えるでしょう。

## ●システム条件4　効率的な資源利用と公正な資源分配が行われていること

社会の資源利用は、自然界が資源を供給し、ゴミを処理してくれるワク内に収まっているものでなければなりませんから、非効率的な資源利用は許されません。また、世界の中でも豊かな国々が、人間の基本的な欲求や心の満足から遊離したレベルの資源消費をする一方で、貧しい国々では同じ基本的欲求を満たすのに必須の基礎資源が荒廃しつづけるといった資源分配のあり方も許されるものではありません。

もし、地球上の社会すべてが前記の三つのシステム条件を達成したとすると、社会が物理的資源を循環利用できる余地は理論上最大となります（**図4－1**のC）。そのときの資源の循環量は、人口一人・単位時間当たりの資源量（＝物質的豊かさ）×総人口で導くことができます。また、私た

**原注7**　生物地球化学的循環。

ちが物質的豊かさを完全に放棄するならば、持続可能な形態で生産・分配される食糧が人口規模を決定することになります（その場合、**図4－1**の流れａとｃは、そのすべてがａ：食糧、ｃ：食糧の生産・消費過程から排出されるゴミを、それぞれ表しています）。この人口規模の理論的上限値として、私がこれまでに目にした最大のものは九〇億人というものです[原注8]。

このような数字には、つねに不確実性がつきまとうものですが、システム的視点から見れば、理論上の上限値がとにかく存在することは理解できるでしょう。しかし、そうした理論値がいかに大きなものであろうと、実際の上限はもっとずっと低いものになるのです。というのも私たちは、食糧のために最大限の資源を振り向けることができたこともなければ、そうしようと努力したことだってこれまでに一度もないからです。本や新聞を読むためのパルプ生産用とか、食糧輸送用以外の各種交通輸送用などの資源需要を計算に入れてみると、それが食糧生産用の資源需要との間で競合を起こすことが直ちに理解できるでしょう。一つの例としては……スウェーデンに今ある車が全部、再生可能なエネルギーであるバイオ燃料で走るようになったとすると、そのための燃料生産に必要な土地の面積は、スウェーデンの農業用地の総合計に匹敵するのです！

資源の循環利用の実際の上限を定めるほかの要因として、産業廃棄物を全量、完全に閉じたシステムの中で循環させるのが不可能であることも挙げられます。これはつまり、資源循環の規模が拡大すればするほど、自然界への分子ゴミの漏出（ろうしゅつ）も多くなるということです。

結局、現実的に考えうる地球人口として、私が支持する最小の数字は二〇億人です。この数字がどんなに大きかろうと、あるいは小さかろうと、将来の家族計画では一家族に子ども二人が目標とされるようになることは確実でしょう。二人の子どもということは、人口の増加がまったく起きないということです。いずれにしろ、システム条件4が言わんとするメッセージはもう一つ別にあるのであって、それは「私たちが1から3のシステム条件を満足して、少しでも高い資源利用効率を達成するならば、資源の循環利用の余地はそれだけ拡大する」ということです。ここから導かれる結論は明らかでしょう。つまり、地球上の人類の価値ある生活には、自然の物質循環を可能にする効率的な資源利用と、公正な資源分配がその前提となるのです。

ここでもし、1から4のシステム条件が守られていない場合には、その社会は**図4-2**に示した通りになります。世界の国々は、北の超過剰消費国から熱帯雨林を荒廃させせられた南の貧しい国々に至るまで、人類の生存にかかわる四つの基本条件［＝システム条件］違反に力を貸しています。まず、システム条件4は、私たちの旺盛な資源利用の欲求によって破られています。これは、資源利用の非効率性や資源分配の不公平性と一体のものです。こうした問題に関して、技術や文化の発展を待とうという気が私たちにはないのですから、必然的にシステム条件1および2にも「違反せざるを得ない」ことになり、自然界の分子ゴミが増加します。それと同時にシステム条件3の侵害も起きることから、分子ゴミを処理する自然の循環の能力も低下するのです。

私たち人間は自然界からの借金で刹那的な生活を送り、そうして自然の恵みを受ける一方で、システムの欠陥とは向き合うこともなく、個々の問題から生じるダメージを和らげるために、また借金から支出をしている状態です。これでは、利子を支払うために借金を増やしているようなもので

**原注8** こうした数字の例は、ブラー・ベッケル社（Bra Böcker、一九九二）の『スウェーデン国民環境事典、*“Svenska Folkets Miljölexikon”*』などを参照のこと。

しょう。つまり、悪循環にのって誤りに誤りを重ねることになるのです。私たちがなすべきなのは、人間の高次元の欲求と接点を保ちながら計画的に活動を進め、循環社会の基本条件にのっとって物理的資源の利用効率を向上させることです。こうした取り組みの方向が経済計画にも反映されて重要な役割を果たすためには、政治の側からこれをバックアップする推進政策というものが必要でしょう。その例としては、一般に広く情報を提供し、健全な市場の実現を目指したり、賢明で先見的な投資を促したり、エネルギーや原材料物資に効果的に課税を行うなどが考えられます。

以上のような背景から、今後の社会的プロジェクトの策定にあたっては、まず最初に「そもそもこれは、本当に必要なプロジェクトなのか?」ということが明確に問われるのでなくてはなりません。環境問題をその外側からシステム的視点で考察し、持続可能な社会（**図4-1**）が満たしていなければならない四つのシステム条件に根ざした決定を行うならば、良識的で有効な行動計画の立案もさらに容易なものとなります。その例として、いくつかの問題を考えてみましょう。

## 問題1 「都市の周囲に環状道路が必要か?」

いいえ。私たちの交通システムは四つのシステム条件のすべてに反している上、環状道路はこのシステム条件違反という大問題の解決を狙ったものでもありません。今日のモータリゼーションというものは、限りある地下資源（中でも硫黄酸化物の増加や温室効果の促進につながる石油と、汚染を引き起こす金属類）を食いつぶし、環境にダメージを与える、分解しにくい安定した物質（酸性雨と富栄養化の原因になる窒素化合物、オゾン層破壊作用のある排気ガス中の亜酸化窒素やクーラーのフロン、ガンを誘発する炭化水素等）をまき散らし、環状道路をメインにした道路網の開発で緑を奪い、多量の資材とエネルギー資源を非効率的に使用（一トン以上ある車それぞれに乗っているのはたいてい一人だけで、しかも総台数はスウェーデンに三五〇万台以上）することで成り立っているものです。

環状道路は確かに、一時的にでも都市環境の負担を和らげる効果がありますが、現代のモータリゼーションは、差し迫る人類生存の危機の根底にあるシステム的欠陥にかなりの程度関与していて、その規模も広がりを見せています。この難局を切り抜けるため、持続可能な交通輸送システムを実現しようと考えるならば、環状道路などよりも優先されるべき選択肢への大規模かつすみやかな投資が必要でしょう。それには、たとえば社会の交通機関への依存の度合を今より減らすためのプランであるとか、より効率的な公共交通・通信システムの、とくに鉄道とテレコミュニケーションシステムに重点を置いたもの（システム条件1～4）、エネルギー効率のさらにすぐれた自動車（同4）、持続的利用が可能な自動車燃料（同1）、持続可能な自動車生産方式（同1および2）などが考えられます。

必要とされる投資を早期に開始すれば、それだけ何年か後に泥縄式の解決を迫られるリスクが低減し、逆に魅力ある交通輸送システム実現のチャンスは増大するというものです。それに、スウェーデンのような責任ある立場の国にとって、問題の解決は急を要します。というのも、地球全体をおおう閉塞状況から抜けだそうと世界が求めているのは、建設的で魅力的なモデルだからです。持続可能な交通輸送システムを構築しようという目的意識の下では、手始めの投資として、建設後もさらに資源をつぎ込んで維持しなければならないような環状道路などに最も高い優先度が付されるということは、当然あり得ません。環状道路の計画は、そのような流れに根ざしたものでもなければ、そのような方向に向けられたものでもないのであって、ゆえに袋小路に突き当たるだけです。

この考え方は、さらにほかの類似の問題にも応用することができます。たとえば、「オーレスンド(5)に橋をかけるべきか、トンネルのほうがいいか?」——環状道路の場合と同じ理由から、答えはそのどちらでもありません。もう一つのとんでもない例として、ストックホルム市民にも親しまれているユールゴーデン(6)やブルンスヴィーケン(7)の周辺一帯のほかに類を見ない緑の地域にもち上がっている、エコパーク建設計画があります。これに関連して、いわゆるヤーパンスクラーパン(8)や、エステルレーデン(9)建設の計画まで存在しています。自然の宝庫が、八〇年代の軽薄な風潮によって、オフィスとホテルと高速道路の大規模複合施設へと変えられようとしているのです。

## 問題2「原発を維持すべきか?」

いいえ。原発はシステム条件1に抵触することから、定義によりその廃止は時間の問題です。それでは、廃止をどの程度急ぐべきでしょうか? 廃止に向けて積極的に計画を立てるか、今ある原発を耐用期限まで使いきるか、原子力エネルギーの利用の結果生じる各種副産物が生態系に受け入れられなくなるまで使うことにするか、原発の有害性と危険性が耐えられないものと感じられるようになるまで使いつづけるか……?

原発を廃止して、エネルギー効率にすぐれた社会構造と持続可能なエネルギーシステムに置き換えるのは、早ければ早いほどよいでしょう。今計画されているものの中で、将来の原発廃止を容易にする何かが出てくるかもしれません。エネルギーの問題は、私たち自身にかかわる、そして、スウェーデンの貿易収支や私たちが他国の模範になれるかどうかの可能性にもかかわる問題です。この場合の他国というのは、とくに、原発事故を起こされては迷惑だというのでスウェーデンの原発業界も気をもんでいるような国々のことですが……。

いずれにしろ、私たちに本当に原発を廃止する気があるのか、またその力があるのか、疑問も残りますが、それは別の問題です。原発廃止は、私たちがそれを望んでいるかどうかなどにかかわりなくするべきことなのです。

**問題3「特定フロン（CFC）を代替フロン（HCFCなど）に替えるべきか？」**

いいえ。代替フロンはシステム条件2に違反するものであって、使いつづける限り自然界への蓄積がつづきます。一方特定フロンは、オゾン層に対して予期せぬ作用をすることが分かったために使用中止が決まったわけですが、そもそも最初から導入すべきものではなかったのです。なぜなら、

(5) スウェーデンとデンマークの間にある海峡。
(6) ストックホルムの中心部の東に位置する野外博物館などのある島。
(7) ストックホルムの中心部の北にある入り江。
(8) ブルンスヴィーケン南端近くに建設が予定されていた日本企業出資の高層国際会議場。しかし、建設は結局取り止めとなった。
(9) ストックホルム東部を通過する高速道路。

特定フロンもシステム条件２に違反する物質だからです。

代替フロンは、今のところ特定フロンよりもオゾン層破壊作用が弱いと考えられていますが、こんなことは枝葉末節の問題です。（その上、代替フロンについても、温室効果を促進する可能性があるとの指摘や、オゾン層に対する安全性を疑問視する見方が現在すでに生態学者や気象学者らから出され、そうした人たちからの非難が強まっています。）にもかかわらず、今日多数のユーザーが特定フロンを代替フロンに切り替えるようアドバイスされ、数年もすれば無効になるというのに、だまされて巨額の投資をしてしまう例が往々にしてあります。たとえば、スーパーマーケットチェーンの「ＩＣＡ」は、口車に乗せられて、すんでのところで一〇億クローネ規模の投資をするところでした。しかし、結局ＩＣＡは、この問題に対処する能力を自力で身に着け、代替フロンへ切り替えて長期に使用するよりも、冷凍装置を段階的に進化させ、システムの欠陥を解消することに投資すべきであるとの結論に至ったのでした。

## 問題４　「天然ガスを導入して、燃焼エネルギーの向上と燃焼ガスの浄化を図るべきか？」

天然ガスは、限りある地下資源という点で石油と何ら変わりはないため、そのことを忘れて導入計画を実施してしまうと、後になって誰か（子どもたちの世代）が天然ガスシステムの廃止に金をつぎ込まなければならなくなります。いずれ後の段階でバイオ燃料に切り替えるということにして天然ガスシステムに投資するならば、それまでの過渡期の間だけ天然ガスを利用することも理論的には可能でしょうが、直接バイオ燃料に移行するのに比べて効率はよいのでしょうか？　それに天然ガス導入計画は、バイオ燃料への移行をめざしてつくられているものなのでしょうか？

四つのシステム条件は自然の法則から導かれていることから、それに照らし合わせて得られる見解はモラル云々よりも、何を求め、何をめざしてゆくかをめぐるものとなります。自然の法則は私たちの存在を優しく支える基盤であって、既成の権威に異議を申し立てるべく、環境保護団体によって発明されたものではありません。したがって、教育というかかわりの中で、自然を規定する条件やそこに働くダイナミズムへの展望を通してシステム的視点を切り開いてゆくところに技術が要求されます。また、このシステム的視点の中には、環境問題に対する地球的次元での理解も含まれていなければなりません。そうして教育の段階を過ぎた後、各人が企業や自治体、家庭における活動のあり方を諸条件の枠組みに合わせてゆくためには、周囲にアドバイスを求めることが必要になります。産業界や自治体の広報・教育活動にこのようなやり方を取り入れるならば、数々の対立的な見解も、そのほとんどが悪意やシニシズム［冷笑癖］というより誤った展望に源を発しているのだということが明らかになるでしょう。確かに、積極的かつ意識的に反動主義者を演じる人間もいるでしょうが、そうした表現の仕方は、結局、多数派を正しい方向に導いて救うことを狙ったものなのです。

次章では、以上のことから得られた知見をもとに、それがどのようにエコロジー的企業経営システム思考の必要性へとつながってゆくのか、政治と経済の現実も考慮しながら論じることとします。エコロジー的企業経営システム思考は、ナチュラル・ステップ研究所のエコロジー教育を通じて、スウェーデンの企業経営者らとの協同作業の中からつくり上げられてきたものです。

# 第6章　エコロジー的企業経営システム思考

産業界は社会を経済面から支えるエンジンとして、社会の先を行き、道筋を示すことのできる大きなポテンシャルを有しています。産業界はまた、市場との間の密度の高い絶えざる対話の中に身を置いており、それによって文化形成の担い手となりうる可能性をも秘めているのです。環境破壊は私たちにとって、最も差し迫った生存の脅威です。そのため、ダイナミックに活動する企業の各プロジェクトにおいては、それぞれのビジョンに向かう道すじの中に、人類生存の基本条件に対する侵害行為を少しでも改めてゆく無理のない自然な一段階が組み込まれ、むしろそのような段階こそほかの「利益を上げるなどの」段階よりも優先されるほどでなくてはならないでしょう。

環境保護に向けての歩みを遅くしたり、さらには止めてしまうような投資には、当然、ゴーサインが出されない時代もまもなくやってくるに違いありません。しかしながら、世界を救うために、活動を始めている企業の数はまだ少数です。では、どうしたら企業の今の状況や現在置かれている地位といったものを、今後不可避の進路変更に結びつけることができるでしょうか。そこでまず最初に必要なのは、直ちに立ち現れてくる主要な、そして、端的な問題点を確認しておくことです。それは次の三点です。

❶第一に問題なのは、環境に配慮した健全な製品が、発展途上の段階や少なくとも初期段階においては、往々にして表面的な製品レベルでの競争力をもてないという点でしょう。そうした製品は、根源的なシステムレベル（社会全体の志向を決定づけるレベル）で初めて、ほかの製品に対してつねに優越することができるのです。たとえば環境に与える負荷の小さい洗剤は、発展期の間は製造コストが高く洗浄力が劣るとはいえ、より有害な洗剤というほかの選択肢に比べれば、社会経済的に好ましいものと言えるでしょう。

❷二番目の問題は、社会が企業の投資をどう調整するか、という点にあります。環境対策進展の各段階は、おそらくほかの特定の段階と組み合わされてやっと所期の効果を発揮すると考えられます。リサイクル瓶の例でいえば、その社会経済的効果をフルに引きだすためには、輸送機関の負荷が低くなるよう、飲料工場をより高密度に配置しなければなりません。この問題に関しては、ビジネスマンとしての私には当然ながら限られた力しかありませんが。

❸三つめは、長期的視野の必要性の問題です。環境対策展開の最初のステップでは、各種投資やリストラクチャリング［事業の再構成］そのほかの、得てして痛みをともなうプロセスを通過しなければなりません。そのため社会の表舞台に立つ人々は、健全な社会への道すじもいずれ安定したものになると信じていることが必要です。この点を理解するのによい例は、石油危機の置き土産であるヒートポンプ[1]や熱交換器といった、エネルギー効率にすぐれ

---

（1）水を低所から高所へ汲み上げるポンプのように、低温の熱源から取りだした熱を高温部へ移動させ、温度差を広げる装置。

た熱機器類の発展の過程でしょう。国際的、国内的政治情勢の急変により、エネルギー価格が石油危機後、再び低下したため、熱機器に投資していた企業を取り巻く環境は悪化し、実際相当数が倒産に追い込まれた時期がありましたが、デンマークはその後も高い電力料金を維持しつづけ、いまや明日のエネルギー市場、それもとくに風力発電とバイオ燃料の分野において自国を輸出国の地位にまで押し上げています。

これら三つの主要な問題点に照らしてみると、政治面での展開に必要ないくつかの一般的な基本要件を以下のように立てることができるでしょう。

## 1　知識の普及

これは、社会文化の転換と企業の技術的・経済的発展が同時進行し、相互に影響を与え合えるよう、知識を普及していくということです。知識を蓄えた大衆の存在は、市場の安定にも政治の安定にも力となります。さらに研究事業などへの社会の投資も、大幅に拡充しなければなりません。なかでも一番優先すべきなのは、今後の社会発展のためのシステム分析でしょう。

## 2　意見の一致

環境対策の進展を刺激する促進政策の決定にあたっては、政界の中で可能な限り広汎な意見の一致を見ておかなければなりません。政治のプロセスとは、さまざまな価値観の反映の上に成り立っているものなのだから、そのようなやり方は現実的でない、との指摘も政界の論議ではよく聞かれます。しかしそれでも、人類生存の問題に解決の道すじを示してくれるシンプルな自然の法則についてなら、意見を一致させられる望みはあるに違いありません。今日、政治家は各々が異なる自然観をもっていて、そのことが大いなる苦悩の元凶になっているわけですが、ほかの政治家との間でもシステム的視点と循環の原理で押し通そうとして苦労している政治家がどの政党にも多数存在します。私たちはそのような政治家の動きを後押しするため、協力し合う必要があります。健全で魅力ある社会への順調な発展を思い描くことはもちろん、人類の生存を仮定することさえ現実的ではないのかもしれません。しかし、意見の一致と価値観の共有は、目標実現には欠かせない前提であり、この点に関して政治の無気力を許すわけにはいかないのです！

## 3　将来を見据えた計画性

環境対策の進展を刺激する促進政策の決定にあたっては、もう一つ、可能な限りの将来を見据えた計画性というものも必要です。産業界は短期的視野にもとづいて行動しているため、また経済的な理由から、一度に多方面にわたる方向転換をすることができません。よって政治の役割としては、産業界に対して変化に要する時間的余裕を与えて、期限内の目標達成を可能にすることが求められます。

## 4　対策プログラム

変革の政治プロセスとして、一度に一つの問題しか攻略しないものなど好ましいとは言えません。そうではなくて、社会の多岐にわたる分野に根ざした高度な専門性と、システム思考に特徴づけられた一つのプログラムの中に、複数の問題への対処の仕方が含まれているのが当然です。そして、変革のプロセスに充分な力とスピードをもたせるには、そのようなプログラムの存在が前提となるのです。また、そうしたプログラムがあれば、特定の利害関係者が自分たちだけ指弾されていると思い込んでしまう危険も減少し、逆に価値観の共有によってビジョンを生みだしていこうという意識が広がる可能性は増大します。

ただ、このような議論は産業界の出発点からすれば意味のあるものではあっても、現実の政治・経済状況を考慮しながら自らの方向を決定しなければならない個々の企業にとっては、何の役にも立たないでしょう。この問題は、「魅力ある建設的なモデル」というコンセプトを新たにつくって検討してみると解決の糸口が見えてきます。というのは、コンセプトの中に「立派なモラルだけでは不充分」ということが暗黙のうちに含まれているからです。企業（あるいは自治体）は、業績（財政）が悪化したり破産したりしてしまえば、モラルを旗印に掲げていても魅力的で建設的なモデルになることはできません。以上のことから、企業がなすべきことは、コストがかからないとか、業績の向上にも寄与するといった特長をもちながら、同時に企業自身の自然の循環との一体性を高めることにも役立つ対策を実行することである、という結論に達します。この意味で、業績の向上につながる可能性のあるやり方としては、次のようなものがあります。

❶各種の節約策を、資源使用量がさらに少なくてすむ事業と連携させながら実行する。

❷ライバルに先駆けて明日の市場を開拓する。

❸国際的な合意や対応の難しい法律の制定を予見する。

❹環境にやさしい企業として、内部的・外部的評価を高めておく（これは、少なくとも投資の結果が市場での成功につながった場合）。

社会的見地からすれば、このような「ビジネスも環境も」という視点をもった企業は、市場においても政界に対してもその地位が向上し、おかげで次の段階やそれ以降ではさらに成功を収める、というように正の循環に乗ることができます。変革のプロセスを導く企業戦略――エコロジー的企業経営システム思考――は、企業のビジネスとエコロジーの両面のバランスを考慮することによってもたらされるものなのです（一一三ページの環境対策用エコロジー／ビジネスチェックリストと環境対策マトリックスを参照）。なお**付録5**では、この考え方が架空の企業「カンパニー社」の具体的な環境対策綱領という形で敷衍（ふえん）されています。

一一四ページのキーポイント表には、企業が環境対策基本四条件（循環社会の四つのシステム条件に対応するもの。一一三ページの環境対策用エコロジー／ビジネスチェックリストのエコロジー側を参照）を満たすためのポイントを示しました。各キーポイントは元来、それぞれが1～4の環境対策基本条件と結びついていますが、間接的な効果で四つの基本条件すべてにとってプラスにな

### ●環境対策チェックリストの使い方

環境対策の選定にあたっては、必ずエコロジーとビジネスの両面のバランスを考慮すること。選定された複数の対策は一つのプログラムにまとめ、それを対策と実施期限のマトリックス図にする。マトリックス図に書かれた対策は、ビジョンの実現のために実行を要する対策である。そして、全部の対策に“完了”マークが付された暁には、その企業の行う事業は完全に自然の循環に統合された、ということになる。各対策の実施期限は、エコロジー面での重要性と、経済面すなわちコストおよび利益の両面のバランスを考慮して決定する。

対策に置き換え原則を適用し、基本条件に沿って次々に対策を展開してもよい。つまり、個々の対策は現状の改善であっても、その積み重ねで必要な基本条件を完全にクリアできるのであれば充分ということである。また、対策の実施が環境に与える影響に関して不確実な点があるとき、それも循環社会の四つのシステム条件に関係する場合はとくに、安全性優先の原則を適用すること。

対策の中でも天然資源――それもとくに再生不能なもの――の節約に寄与する対策は何であれ、戦略的に最優先されなければならない。そうして低減した今日のコストは、さらに大きな明日の利益を意味する。得られた利益は環境対策投資に回すが、その際、四つのシステム条件に関する問題点の改善につながる短期投資は、ほかの短期投資に先がけて行うこと。このようにして生まれた資金面での余力は会社の発展に役立てられ、それによって長期的環境対策投資が実現可能となる。

（注１）　現状に比べてましになるだけでは最終目標には不充分であり、削減率は完全に100％に達する必要がある。

（注２）　各対策は、最終的目標までいたるものと、そこまではいたらないが後続の対策によってさらに発展するものの２種類があって、相互の間に置き換え原則が適用される。

（注３）　対策の環境に与える影響が定かでないとき、それも四つのシステム条件に関係する場合はとくに、安全性優先の原則が適用される。つまり、そのような対策は実施されるべきではない。

## 表－1　環境対策用エコロジー／ビジネスチェックリスト

| エコロジー面のチェック項目<br>(＝基本四条件←それぞれ循環社会のシステム条件１～４に対応) | Yes | No |
|---|---|---|
| 1．その対策により、限りある地下資源の使用量は削減できるか?(注1、112ページ) | | |
| 2．その対策により、自然界にとって未知の長寿命物質の使用量は削減できるか？(注１、112ページ) | | |
| 3．自然の多様性と、循環の持つキャパシティーの、保持あるいは増大が期待できるか？ | | |
| 4．エネルギーや他の資源の消費は減少するか？ | | |

| ビジネス面のチェック項目 | Yes | No |
|---|---|---|
| 1．その対策は、即効性あるコスト削減策となるものか？ | | |
| 2．その対策は、短期的に見て利益をもたらすものか？ | | |
| 3．その対策は、長期的に見て利益をもたらすものか？ | | |
| | | |

## 表－2　一つのプログラムにまとめられた環境対策の例

(実施期限)

| 対策（注2および3、112ページ） | ＜-91 | -92 | -93 | -94 | -95 | -96 | -97 | -98 | -99 |
|---|---|---|---|---|---|---|---|---|---|
| 一般教育 | | × | | | | | | | |
| 公認の基準による環境監査 | | | × | | | | | | |
| 製品包装改善プロジェクト | | | | × | | | | | |
| 物質使用のクローズドループ化プロジェクト | | | | | | × | | | |
| etc | | | | | | | | | |

**表－3　キーポイント表**

| | |
|---|---|
| コスト節減 | 削減できる事業があるのではないか？　さらにほかの事業で置き換えたり完全に撤退してもよい事業があるのではないか？（基本条件4） |
| 再生可能エネルギー・資源の使用 | 循環の流れの中にあるエネルギーや原材料への転換。（基本条件1） |
| 分解しやすい物質の使用 | 自然界での寿命が短い、すなわち化学的に分解しやすい物質への転換。（基本条件2） |
| 分別処理のしやすい製品づくり | 廃棄物を分別しやすくするため、複合材料の使用を中止する。（基本条件2） |
| 自然への配慮 | 自然の循環の侵害につながるような開発や近視眼的な治水、種の絶滅を招く行為、そのほかの自然界に対する物理的圧迫を停止する。（基本条件3） |
| 製品の品質向上 | 修理のきく、耐久性のある製品への切り替え。（基本条件4） |
| 効率性の向上 | より効率性にすぐれた技術、素材、エネルギー、輸送システムの採用。（基本条件4） |
| リサイクル | 優先度の高いほうから（すべて基本条件4）：<br>1．製品そのものの再利用<br>2．素材レベルでの再利用<br>3．焼却処分による燃焼エネルギーの利用 |

るようにすることもできます。たとえば、四番目のポイント「分別処理のしやすい製品づくり」は、基本条件2の改善に働くほかに、同1（処女鉱物資源使用量の削減により）、同3（ゴミの山の成長鈍化により、処分場用に振り向けられる土地が減ることから）、同4（鉱山での採掘などからスタートするのに比べて、回収した素材を再利用したほうがエネルギー使用量が少なくてすむことから。なお、「付録3　自然科学的見地から見た金属汚染問題」も参照のこと）にも好影響を与えます。

とはいえ、持続可能な事業に一気に資金を投入できる企業はごく少数ですから、ほとんどの企業では、もっと小刻みに対策を進めなければなりません。つまり、エコロジー的に見てよくない点を少しずつまし
な状態へと改めてゆくということです。これを「置き換え原則」といいます。しかし、それには重要な制限があります。それは「単純化を排したシンプル主義」によってもたらされる展望を忘れてはならない、ということです。四つの基本条件への目配りを忘れた置き換えは、従来に比べれば何かましなものに投資しているものの、目標へ向けての一貫したプロセスとの整合性を欠いている、といった事態に陥りやすいのです。そのような場合、投資額が大きすぎると将来の可能性を狭めてしまうことにもなりかねません。そうしてライバルに追い越されてしまってからあわてて改善のための投資を始めても、それはわずかな慰めにしかならないでしょう。

以上は置き換え原則に潜むリスクでしたが、今流行の「ライフサイクル評価」にも、ある程度のリスクを見いだすことができます。ライフサイクル評価とは、さまざまな製品とそれが環境に対して与える影響を「揺りかごから墓場まで(原注9)」追跡する手段です。それにより、それぞれの製品の環境に与える影響が相互に比較可能になるため、ライフサイクル評価は私たちの視野を広げるのにかな

り有効な手段と言えるでしょう。与えられた一時点だけで判断すると、「この製品のほうが、ほかのものに比べて環境に与える影響が小さい」という錯覚を起こす可能性があるからです。

しかし、ライフサイクル評価は、従来の視点、すなわち枝先の葉の部分を出発点に据えているものです。もし、産業界の人間がライフサイクル評価をそれだけで充分なものと思い込んでしまうと、その人はそれゆえシステム構築の理念を見失い、そうして長期的ビジョンへ向けての発展の重要段階に適合する条件を備えた製品をも見落としてしまいかねません。システムの何かほかの要素に欠陥があるために、ある製品がほかのものより優っているように見える場合もありえます。私たちは「単純化を排したシンプル主義」を選び取らなければなりません。つまり、システムレベルまで下り立って、四つのシステム条件に目を向けながら循環社会発展の過程をスタートさせ、最高のコストパフォーマンス［かけた費用に対して得られる効果の割合］と確実性をもった、一番長期的な投資法を見いだすことが必要です。

しかし、ある新物質が従来のものに比べて優れているかどうかは、どうしたら分かるのでしょうか？　その答えは環境対策の場合と同様、ここでも「まず四つのシステム条件に対応する四つの基本条件で判断すること」です。たとえば、その物質は、地下資源からつくられているのか、それとも再生可能な資源でつくられているのかが問われなければなりません。これは、基本条件1のチェックです。再生可能な資源でつくられているのならば、さらにそれは基本条件2の通り、生態系によって処理されるものなのか、使いつづける限り自然界に蓄積してゆくのか……というように検討を行うのです。

もし、このようなチェックに対する答えをもち合わせていない場合、「安全性優先の原則」が適用されます。すなわち、確実な答で安全性が確保されるまで、その物質の使用は断念するのです。しかし、この原則が適用される場合でも、「単純化を排したシンプル主義」が忘れられ、環境対策プランに多かれ少なかれ混乱の生じることがよくあります。ちょっとした混乱の例としては、問題の物質がアレルギー誘発性か、刺激性はないのか、有毒かをめぐって論議が終始してしまうケースが挙げられます。これ自体は末端の問題としては重要なのですが、毒性も危険性もゼロのものなどこの世には一つも存在しません。すべては濃度や摂取量によって決まってくるのです。私たちには物質が自然に害を与えない濃度の上限をあらかじめ割りだしておくことなどできないのですから、基本条件の中でも第一と第二の条件が、残りの二つの条件に優先することになります。ある物質の濃度を自然界が一定に保てるのか、それとも使いつづける限り濃度も上がる一方になってしまうのかを決めるのはこれらの条件であり、自然界の分子ゴミ負担限界の到来を感じ始めたその日に、後悔することになるのかどうかを決定づけるのもこれらの条件なのです。その一例が特定フロンです。特定フロンは無害な物質とされてからというもの、大気中への放出が行われ、完全に生産停止となった後も長年にわたって地球的レベルで私たちを脅かしつづける存在にいまやなろうとしています。

安全性優先の原則が適用されるべきもう一つの重要なケースとして、すでに以前から行っている行為の継続の是否が争われている場合があります。そのようなとき、人は当然ある程度の判断の根拠を求めようとするものです。つまり、問題の行為を中止する前に、その行為の環境に対する有害性の証拠をほしがるのです。しかし、環境に害を与えているのではないかという不安の中、疑いを

**原注9**　これはむしろ、「揺りかごから生まれ変わりまで」と称するべきでしょう。

かけられている行為をやめないというのも、やめる場合と同じく一つの決定であって、その根拠となる証拠の必要性に違いはないはずです。なのに、自分がその行為をやめたくないからといって、行為を中止すべき証拠ばかりを要求し、つづけてもよい証拠のほうは一向に示そうとしないというのは許されることではありません。

企業は、天然資源——なかでも再生不能なもの——が節約できるありとあらゆる可能性を何よりも優先させて経営戦略を打ち立てなければなりません。そのような戦略ができれば、それは天然資源調達コストの低減と、ゴミや排水などの排出物の処理コスト削減にダイレクトにつながってきます。それに、これらのコストは加速度的に増大してゆくものです。なぜなら、スウェーデンやEU［欧州連合］の法律も、そして現代の市場の力も、自然の法則には勝てないからです（私たちのために新しく物質をつくってくれたり、古いものを消し去ってくれる妖精などいないのですから）。少なくともシステム思考が政治のプロセスに広く浸透するまでは、こうしたコストの増加が引きつづいて何度も起こると考えられます。

このような洞察を得ておけば、それはビジネスの世界の羅針盤として、日々の相場や政界の論議の現状に関する知識などより役に立つことでしょう。さらにいうならば、この天然資源節減策のようにシステムレベルでの見返りがすぐに期待できる〝短期的〟環境対策投資のほうを、そのような長所もなく、他社と競合してしまう投資より優先的かつ計画的に行うべきなのです。

また、同じ洞察から、すばらしいソリューション・マルチプライヤー［多重効果型解決策］が生まれることもたびたびです。企業グループ「サムハル」の一社では、最近、アルカリ洗浄やトリクロロエチレン(2)による脱脂をやめ、代わりの脱脂剤として乳酸エチル(3)の使用を開始しました。新しい

## 表－4　新旧脱脂方式のコスト比較

| | | 新　方　式 | 従　来　方　式（アルカリ洗浄） |
|---|---|---|---|
| 投資額（単位：クローネ） | | 約120万 | 約150万 |
| 年間操業コスト（単位：クローネ／年） | エ ネ ル ギ ー | 36,000 | 308,000 |
| | 化　学　薬　品 | 160,000 | 70,000 |
| | 排 出 物 処 理 | 1,000 | 120,000 |
| | 合　　　計 | 197,000 | 498,000 |

脱脂工程では洗浄効果がアップし、排出物の量も消費エネルギーも大幅に減少するため、天然資源の消費と排出物処理にかかる現在のコストをもってしても、大きな利益を、しかも短期間で上げることができるのです（上のコスト比較表を参照のこと）。

なお、急を要する投資も行わなければならないのはもちろんです。急を要する事例としては、深刻な環境破壊にその企業が関与している場合であるとか、法律や自社の環境保護方針に企業が違反しているケースなどがあるでしょう。

さて一つの環境保護プログラムには、ビジネスとエコロジーの両側面が統合されて種々の対策となって盛り込まれるわけですが、これを各対策と時間軸のマトリックス図（一一三ページ。ちなみにこれは、スウェーデン国有鉄道がPRに利用しているのと同形式のもの）にすると、うまくまとめることができます。そのようなプログラムがあれば計画的な投資が可能となり、顧客や職員からのフィードバックも得られます。

「私たちがこれだけのことを実行するとお約束したのを覚えておい

---

（2）油脂や塗料などの優れた溶剤としてよく用いられるが有毒な物質。
（3）食品添加物としても使用可能な、自然界で分解する物質。

でしょうか？　ご覧ください、この通りやりとげました！」というように。

　こうした見識をもった企業の環境対策綱領がどのような内容のものになるかを明らかにしたのが、「付録5　カンパニー社環境対策綱領」です。同じ企業が政府に対して、変革への取り組みを後押ししてくれる環境保護促進政策の要望リストを提出するとすれば、それは、ナチュラル・ステップの組織「環境のために行動するエコノミストたち」の作成した統一意見文書［本書未収］にもとづいたものとなるでしょう。

　企業での環境教育実施の結果、循環の原理に反した自社の活動に存するシステム的欠陥が初めて自覚されるようになると、それは本人たちも予想だにしなかったような徹底した態度の変化に結びつくことがあります。私は、自分の活動の中で、フォルクサム［保険会社］、イケア［家具メーカー］、LRF［全国農業中央組織］、アセア・ブラウン・ボベリ［重工業］、ICA［スーパーマーケット］、KF［生協］、ヘムシェープ［スーパーマーケット］、OK［全国にガソリンスタンドを持つ石油消費者組合］、スウェーデン国鉄、ヨンソン［商社］、サムハル［企業グループ］などのスウェーデン企業・団体に所属する多数の財界人がたどったこの変化のプロセスを観察する機会に恵まれました。これらの企業・団体の環境対策部長らは、往々にして、たとえば「イケア」のルッセル・ヨンソンや「ICA」のリスベッツ・コールスなどのように、循環社会のビジョンを実現するための環境保護活動に深くかかわり、問題を倫理的次元で考え、ラジカル［徹底的］な変革の必要性を理解している人たちです。こうした人たちが優れた能力と強い指導性を発揮して問題の追究に当たり、各自の企業グループや組織の首脳陣の賛同を得ることに成功した結果、システム思考は明らかな潮流の変化へと結実し始めています。

しかし、ガソリンを売っている「ＯＫ」にも循環の理念を身に着けた人物がいると聞いたら、驚く人もいることでしょう。ナチュラル・ステップ研究所が企業グループ首脳のために開催した、ある循環社会セミナー……そこで出たのは意外な話でした。というのも、「ＯＫ」代表のスヴェン＝エーリク・サクリソンが環境大臣の前に進みでて、ローセンバードで開かれたもう一つのセミナー(4)に関して、「ＯＫ」内部で行った議論の結果を次のように報告するのを私は耳にしたのです。

「化石燃料は、自然の循環とは相容れない存在です。石油を経済的に利用していられる時期はほどなく終わりを迎えるでしょうが、そうなる前にも二酸化炭素の排出量を削減する義務が自分たちにはある、というのが私たち全員の見解です。『ＯＫ』には自動車用燃料を供給するためのインフラ［基幹設備］があり、それがアルコールそのほかのバイオ燃料用に使われることに異存はありません。『ＯＫ』は石油を精製できる化学プラントをもっており、これも同じくアルコールそのほかのバイオ燃料用として使われてもよいものです。しかし、そのような変化というものは決してひとりでに起きるものではないのであって、そのために今必要とされているのはラジカルな社会変革なのです。ただその場合、誰が見てもとくに問題と思われるのは、資源の奪い合いによって自動車用燃料の市場規模が縮小してしまう点でしょう。現在スウェーデンにある自動車全部がバイオ燃料で動くようになったとすると、国内の農地すべてを合わせたぐらいの面積が燃料生産に必要になる、というのはその一例です。したがって、経済の勢いを保ちながら、魅力ある形で変革が行われるため

（4）　ストックホルムの首相官邸所在地。

図－6

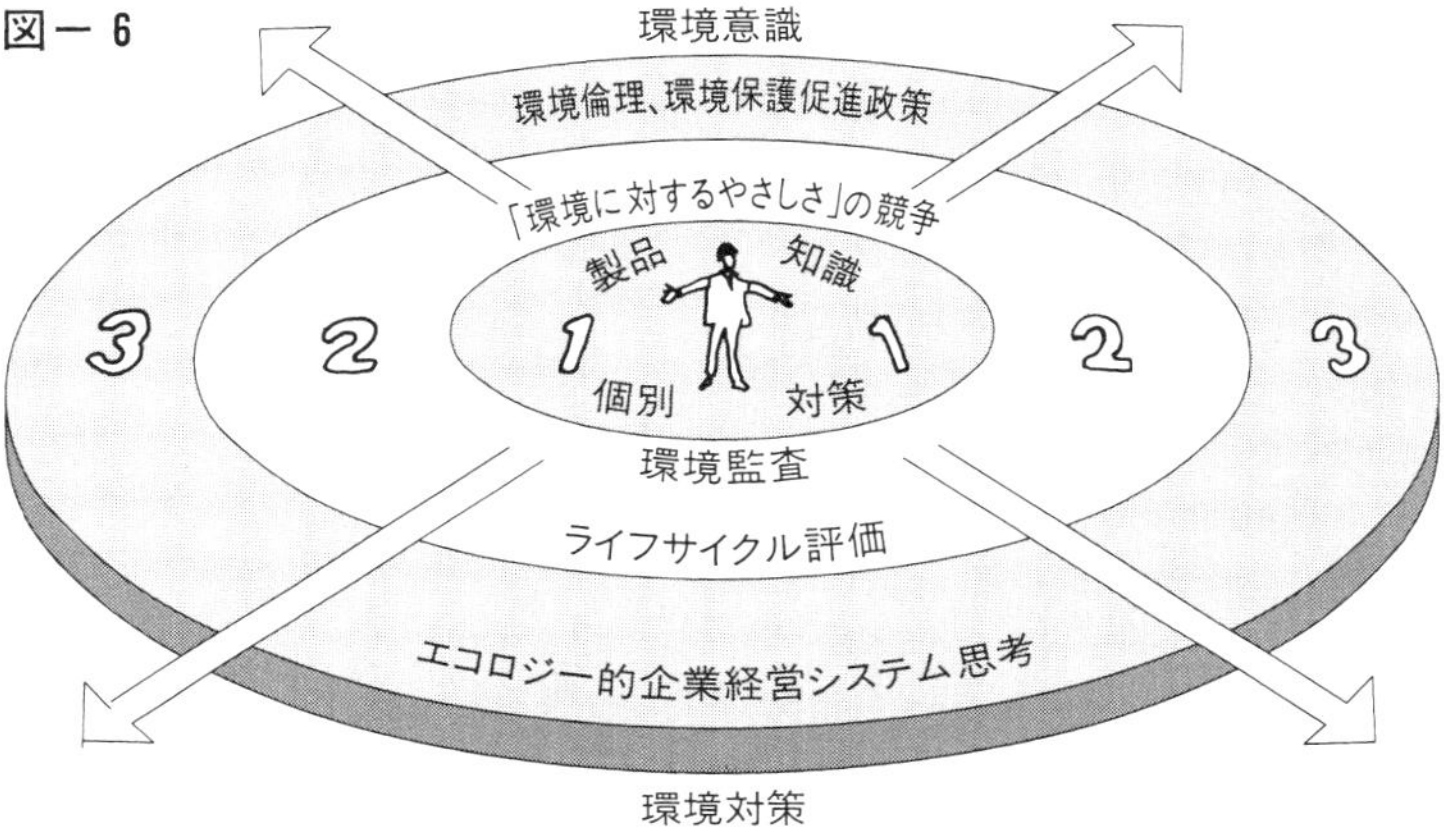


この図は、循環社会の実現に向けた企業の取り組みの各レベルにおいて、環境意識と環境対策が互いにどのように結びついているかを示したものである。すでに〝レベル3〟まで達して、倫理的次元も含んだ長期的目標をクリアするのに必要な、エコロジー的企業経営システム思考の確立に着手している企業はごく少数である。

には、政策面からの強力なバックアップが望まれるところです。今の私たちがなすべきなのは、正しい将来見通しの下、適切なタイミングで変革への取り組みをスタートさせ、専門分野の能力と潜在している力を活用すること、そして何よりも、臭いものにフタをせず、勇気をもって問題を見つめることでしょう」

上の**図－6**は、企業に環境意識が定着した場合の、知識と具体的な対策の発展の様子を示したものです。その過程は、まず製品レベルでの問題の理解と、それによって導かれる個々の対策から始まります。その次の段階では、市場で「環境に優しい」というポジティブな評価を得ようとする気運が企業に芽生えます。また、この段階では、通常、企業にライフサイクル評価と環境監査が導入されます。さらにその次には、政策面でのバックアップの要望とともに社会倫理的な欲求が生まれ、エコロジー的企業経営システム思考がその後の活動に不可欠の手段となってきます。

「自分たちの製品は、どのような要求を満たしているべきであって、スウェーデンや諸外国での魅力ある健全な社会発展とどのように適合するものなのか？　同じだけの効用をもっと効率よく実現できる製品があるとすれば、それはどれか？　この発展のプロセスに自分たちの能力をどう役立てることができるのか？　どうしたら自分が、社会の環境意識に何かいいやり方で影響を与えられるのだろうか？……」

しかしながら、環境問題の動かし難い基礎の部分において、誰かある人と意見の一致に至り、いざアドバイスを求める段になって、その答えが「南極海に肥料になる鉄を撒いて海草を育て、温室効果のもとになる二酸化炭素を吸収させせよう」とか、「気温の上昇を抑えるには、月を爆破して太陽光線をさえぎればいい」といったように、自分の生活は一切変えずにすまそうとするようなものだったらどうすればいいのでしょうか？

南極海に肥料を撒くというのも、月を爆破するというのも、気候を安定させて温室効果の心配を無用にするものとして持ちだされたアイデアです。（この大がかりな対症療法の発想は、ゆえに「単純化を排したシンプル主義」とは無縁のものです。）このような答えに接して、驚きのあまり当惑してしまうのはごく普通の反応です。こうして人は、何も社会の人間を一人残らず改心させる必要などなかったのだということに気づくのです。最後の愚か者に至るまで、全員が循環の理念を理解しない限り世界は救われないというのであれば、私たちはもうとっくに諦めてしまっていたでしょう。臨界点の法則[5]がせめてもの救いです。

とはいえ、誰かに大まじめに月の爆破を提案されたとしたら、いったいどうすればいいのでしょうか？

(5) 第2章「医師と社会、そして自然」を参照。

# 第7章　現代の知的混迷——合理性をまとった迷信と成長の概念

私はこれまで、「温暖化を避けるには月を爆破すればよい」などとまじめに主張する数多くの人との出会いを重ねてきました。その結果、ほぼ確実に言えるのは、今新しいタイプの知的混迷が広がりを見せつつあるということです。このことに気づくきっかけになったのは、〈ダーゲンス・ニーヘーテル紙〉(1)のある記事でした。その記事では、ある生物学者と〝環境運動アナリスト兼評論家〟が次のような議論をしていたのです。

「生態系なんて、貧弱でほとんど人工的なものでも、我々は充分やっていけるだろう。ヨーロッパがその典型的な一例だ。未開の荒野なぞ少しもありゃしない」

「私も、危機が深刻なもので、まだまだいろいろな面でその度合が強まってくるだろうということは理解しているが、それにしても連中が、年がら年中と言ってもいいぐらいに(原注10)（?）地球の終末時計はもう一二時五分前だと言っているのはおかしい」

---

（1）　スウェーデン最大の日刊紙。

**原注10**　疑問符は筆者による。

「私自身は、絶滅してゆく生物種の数を、一日当たり一〇内外にすぎないのではないかと推計している。これは環境危機がどれだけ誇張されているかを調べて得られた、私の知識にもとづいた数字だ」

そしてついには、
「真実から離れまいとする努力がなければ、人は当てずっぽうしか言えなくなるものだ」等々……。

その後私は、短期間のうちにもっと多くの倒錯した意見の持ち主と、実際に対決させられることとなりました。その倒錯した意見というのは、前述の記事といくつもの点で共通の傾向をもったものでした。

「ゴミを宇宙に送りだして、その分の資源をほかの惑星から採掘ロケットでもってくるようなことも、近いうちに可能になるだろう」（スウェーデンの中都市自治体の経済政策担当者）
「今のところは確かに、自然界がなじみのない安定した物質をどこまで受け入れるか、その限界値を前もって見通すことはできないけれども、カオス研究では、カオスの中にさえ臨界ラインを見いだせることが示されている」（エコノミストで農業界でも有名な論客）
「循環云々という考え方はすでに一つのドグマ〔人々を惑わす独断的見解〕となっているが、今までにも数多くのドグマが、結局は人々から見限られてきた歴史がある。たとえば、地球は平らだ、というのもその一つだ」（国会の某大政党の環境〔？〕問題担当）

この最後の意見に対して私がとったリアクションなどは、「アドバイスを求めよ」という指針に従うことが、場合によってはどんなに難しいかを例証するものと言えるかもしれません。あまりにも呆れてしまって、自分を忘れ、論戦を挑む気になった私は、まず相手に次のような質問をしたのでした。

「ということは、一般に認められた考えを、ある人が自分はその確立の過程に参画しないまま受け入れた場合、あなたはそれをその人の頭にこびりついたドグマだと言うのですね？」

「その通りだ」という答えに、私は質問をつづけました。

「では、地球は平らなのではないかという疑問は、あなたにとってはまだ未解決なわけですね？」

今度は長い沈黙がつづきました。私もよけいな攻撃の材料を与えまいとして沈黙を守っていると、相手はいかにも慎重に考えているように両手の指先を合わせながら、さぐるような調子で答えを返してきました。

「面白い質問だったよ」

私は当初の勝ち誇った感情を恥ずかしく思い、相手との接点がいかに失われていたかを痛感させられました。この瞬間から、私と、この有能で強い影響力をもっているらしい政治家との、それ以上の深いコミュニケーションの可能性は閉ざされてしまったのです。私は相手と自分を各々の要塞へと追いやっていたわけですが、これはナチュラル・ステップの方針では、努めて避けなければならないとされていることそのものでした。とはいえ、怒りで我を忘れたことが一度もない人間なんて、人間らしくないのではないでしょうか。人類を脅かす物事の、あまりの馬鹿馬鹿しさを感じたときなどはとくにそうです。それに環境問題をめぐる論議には、こちらをイライラさせるような混乱があって、しかもそれは何度も繰り返しやってくるのです。そこで私は、その混乱を一つの概念としてとらえて、じっくり考えてみる必要があると思いました。それも攻撃するためではなく、自分を鎮めるためにです。

過ぎし時代の知的混迷といえば、それは概して極左陣営の側にあったものでした。そうした混乱は、経済発展の反動として起こってきた不公平性、無思慮な行い、環境破壊そのほかのトラブルを知的一貫性をもって批判していた人たちには、やっかいな重荷となったことでしょう。しかしながら、世界政治の舞台とそこにあった混乱は、いまやまったくと言っていいほどその様相を一変しました。油断できないおとなしい目をして、哲学的思想にもとづいているかのようなそぶりと奇妙な言葉遣いで、何にでも反対を唱えていたあの攻撃的な人々の姿は、現在ほとんどどこにも見当たりません。そういった人たちは、自分たちの理論の根拠を、内輪の人間以外にも分かるような形では表現していませんでしたが、それでもあの人たちが、自由で独立した個人にとって利益になるような成長一般（経済成長はもちろんのこと、社会や工学技術などの分野での各種の成長も含む）に反対しているのだということは、誰にでも理解できていたのでした。しかし、その人たちも一方では、同じ成長であってもコルホーズ［旧ソ連の集団農場］などの集団にとってのみ有用なものとなると、賛成に回っていたのですが……。

さて、今日の私たちは、新しいタイプの知的混迷に襲われていると考えられます。それは以前のものと同様、成長概念一般には賛成の立場をとるものの、集団ではなく、個人の利益になる成長を支持する点が以前とは異なっています。この新しい混迷の思潮は、私たちの存亡にかかわる問題を、学生のように無邪気に、まるで知的ゲームであるかのように扱うのです。

けれども誰に関するものであれ、〝成長〟がその裏側にもつ本当の素顔はいまや明らかであって、そのあまりの恐ろしさは私たちに成長概念の再考を迫るものです。それにそもそも私たちは、これまで本当に〝成長〟を実現したことがあるのでしょうか？　そして、私たちの言っている経済成長とは、物理的世界に何か対応物を生みだすものなのでしょうか？　もし原子の数を数え上げるなどすれば、原子は新たに生まれることもなければ消えてなくなることもない（第5章の中で持続可能な社会の最小共通分母を導くものとして紹介した「物質不滅の法則」）、ということが確認できます。この意味で言うと私たちは、今まで何らの成長も損失も実現したことがないのです。

そこで原子の増減の代わりに、意味のある形に集められ組み合わされた原子の量で成長を判断する、もう一つの成長概念を考えることもできるでしょう。その場合、一方の極――完全な貧困――には、原子が無意味な乱雑さの中にバラバラに拡散・混合している状態が当てはまります。かつて地球上に最初の細胞が生まれた頃も、この状態からすべてがスタートしたのでした。こちらの定義に従うならば、生物の進化の過程に〝成長〟を見いだすことは容易です。自然は遺伝情報をますます高等な生物へと蓄積させ、そうした生物が今度は原子を集めて、私たちが自然界とか天然資源と呼んでいるものに組織化してきたからです。また、先ほどと反対のもう一方の極には完全な豊かさがあります。その場合、使える原子はすべて集められ、最適な状態（鉱物資源、森、農地、村など）に組み合わされていて、その上集められた資源で私たちの欲求や自然な願望が満たされるよう、サービス面でも最適化が行われていることになるでしょう。とはいえ、この状態を定義したり測定したりするのは、完全な貧困のときほど簡単ではありません。しかし、この状態の外観がどのようなものであれ、確実に言えるのは、現在の私たちがこの完全な豊かさから完全な貧困へと向かう動きの中にあるということです。

知られている通り、私たちのつくりだすモノの寿命は限られています。そして今の私たちは、巨大化しつづけるゴミの山を抱えており、これから目を離すことはできません。また、さらに無価値なレベルまで混合・拡散されたゴミの断片や分子ゴミもあり、これらについてもよく考えなくてはならないでしょう。ところで、こうしたゴミの山の巨大化と、生態系の分子ゴミの増加が意味するところはただ一つ、天然資源がちょうど同じ量だけ減少したのだということです。このような見方からすると、私たちの〝成長〟は、一方には巨大化するゴミの山、他方には減少する天然資源、そして、両者の中間には老朽化してゆくもろもろのモノ、という構図で記述できます。したがって、集成・組織化された原子の量で成長を判断する考え方に従った場合でも、私たちは今までに〝成長〟を成しとげたことなどない、ということになります。それどころか私たちは、損失を出していたのです！

そうは言っても、すべての価値が原子の集成・組織化で測ったり数えたりできるわけではないのではないか？　ある程度の資源がゴミになって分離・拡散することは、たとえゴミの量が生産物の量を上回っているにしても、全体的に見れば価値の増加につながるのではないか？　もしここに一台の車があって、その生産と運転によって生じるゴミや排出物の量が車自体よりずっと多いとしても、車のもつすばらしい価値は問題を償ってあまりあるものではないのか？――このような考え方がその通りに通用するのは、活動がごく小さなスケールで例外的に行われるという条件の下でのみです。したがって、価値あるものより多くのゴミを生みだす経済システムは持続性に欠けます。というのも、そのようなシステムでは経済が成長［＝規模を拡大］してしまって、「ごく小さなスケールで例外的に」という条件が維持できないからにほかなりません。それどころか、もっと悪いことに私たちの経済は、人間の領域を加速度的なペースで拡張してゆく指数関数的成長（＝利子に利子がつく複利的成長）の概念の上に成り立っている、というのが本当のところなのです。

天然資源をゴミと取り替えてゆくシステムが拡大しているということは、貧困化の具体的な進展がますます顕著になるということを意味しています。その進展ぶりは、いまや純粋に金銭的な面からも明らかになりつつあります。なぜなら私たちは、押し寄せるコスト負担にこれ以上耐えきれないところまで追い込まれているからです。貧困化は、たとえば鉱物資源の採掘による消耗、種の絶滅から生じる遺伝資源の喪失、土壌流失によって引き起こされる耕作可能地の破壊、ゴミ処分場の増加に起因する空き地の減少などにも言えることです。それに、貧困化の現象は、実際には資源をゴミに変えて消耗した割合より大きく進展するものです。さらに、分子単位の細かさになったゴミの断片が、後から相当な時間差をもって経済に襲いかかります。これには、酸性雨そのほかの汚染による森林や耕作地や建物の被害、レクリエーション用地の市場価値の低下、魚の汚染、私たち自身がダメージを受けることによる医療費の増加、温室効果による温暖化、オゾン層破壊などが当てはまります。

さて私たちは、このような単純かつ馬鹿馬鹿しい状況にいたることをどうやって回避していればよかったのでしょうか？　そこで〝成長〟について考えてみると、その幻想には、実は二つの主要メカニズムが働いていることが分かるのです。

## ●その1　ツケ回しによる債務の支払い回避

　私たちはただ単に、競争馬が使うような視野を狭める目隠しをして、自分たちのつくりだす、はかない命でしかないモノや、銀行口座から引きだした金（その銀行もご存じの通り、昨今では危うい存在と言わねばならないようです）を見ているにすぎません。そして、長期にわたる汚染や取り返しのつかないような天然資源の浪費によるコストは、計算から除外してしまっています。そのツケは、私たちとその子孫の将来を担うところの自然界に回されます。ツケはまた、私たちの隣人である発展途上国の貧しい人々にも回されます。途上国からは私たちの過剰消費を可能にする天然資源の太いパイプラインが通じていますが、資源の真の所有者には何の権利も与えられていません。権利を与える代わりに、私たちはゴミを返しているのです！　それにしても私たちは、途上国の人々に何を与えたらいいのでしょう？　スウェーデン紙幣では腹の足しにもなりません。理屈を言えば、燃やして暖を取ることぐらいはできるでしょうが……。

　このツケ回しによる債務の支払い回避にぴったりのビジネス用語を挙げるとしたら、それは「手形振り出し」でしょう[2]。その意味するところは、「子どもたちの世代のほうが、ずっと賢く合理的に債務の支払いをしてくれるだろうから、自分たちは何もする必要がない」という前提から私たちが出発しているということです。

　なお、私たちの負っているこうした債務の額を一部だけでも算出しようという面白い試みが、IVL（水質・大気保全研究協会）[3]のアーネ・ヤーネレーヴ教授によって行われたことがあります。それは、対象範囲を現代の技術で対策のとれるものに限定しているため、当然本来の債務よりかなり過小評価されたものになってしまっていますが、それでも自然界に対するスウェーデンの債務総

額は、一九九〇年の時点で二七〇〇〇億クローネに上るというのです！（原注11）

## ●その2　全員一律方式の債務分担

私たちは、すでに支払い期限の到来している債務については、ご丁寧にも皆で支払い責任を分担してしまっています。つまり、天然資源を一番多くゴミに変えた人間や企業、国家がツケを支払うべきなのにそうなっていないのです。自然の受けたダメージに起因するコストや（酸性化した湖沼に石灰を散布するなどして）それを回復させるためのコスト、資源の不毛化から生じるコストや自治体のゴミ処理コスト、そしてきれいな飲み水を確保するのに必要なコスト（現在の日用品の消費形態のせいで、飲料水の価格がガソリンより高いところまで押し上げられる可能性もあることを、私たちは考えようともしていません）――ますます増大するこれらのコストを、私たちは全員で支払っているのです。国連は最近、この「債務分担問題」の解決のため、経済面での推進策を設けるよう勧告をだしたばかりですし、アメリカでは「汚染者負担の原則」という言葉がつくりだされています。この原則は、つまり汚染を引き起こした者が原状回復のコストを負担しなければならないというルールです。

もし、今頃私たちが、将来を抵当に入れるようなことを自分に許さず、自らの浪費した資源は、

---

（2）原文は「手形割引」だが、手形の割引を受けても後に債務が残るわけではなく、不適当なため、「手形振り出し」とした。

（3）国と産業界の出資により設立された環境調査研究所。

**原注11**　Jernelöv A. "*Miljöskulden*" SOU, 1992 ; 58.

その分一人ひとりがきっちりと回復させられるようになっていたとしたら、成長幻想などどこかへ消え去っていたことでしょう。したがって、今日の経済システムのもてる力を利用し、新しい技術やライフスタイル、システム的視点をもとにした経済モデルの開発を行わなければなりません。その際の基礎になるのは、使った分に相当する資源が、いつも必ず私たち自身か自然界によってつくりだされるよう、社会が組織化されているのでなくてはならないということでしょう。そうなれば、経済成長は現実世界にもその対応物をもつことができるようになるわけです。これは、架空の世界以外でも通用する経済発展の理論を構築しようというのであれば、自然の法則の上からも必要なことです。

この経済発展の問題を専門的に研究している、ローマクラブ[4]やワシントンのワールドウォッチ研究所[5]のような学術調査団体は、私の知る限り、そのどれもが従来型の誤った〝経済成長〟から脱却するまでの猶予期間をあと数十年と見込んでいます。この問題の解決は、私たちがかつて直面したことのないほどエキサイティングで挑戦しがいのある課題と言えるでしょう。もう時間は残されていないのですから、必要な対策は急いでとらなければなりませんが、環境保護意識からビジョンを育ててゆくならば、それだけで問題解決に貢献できる可能性はほとんど無限大です。

それなのに、今の私たちが口にしていることはと言えば?……それは、虚構の経済です。私たちは死の危険が間近に迫っているというのに、国民年金基金や疾病手当支払待機期間や経済成長のことで完全に頭がいっぱいです。そして、その経済成長も、モノをその後どこへ行くかはおかまいなしに供給するという、おかしな点を含んだものです。これでは今後、どこまでモノが増えていくのか、その上限を歴史上誰ももったことのないほど大量のレベルに設定したとしても、あるいは理論上可能なところに設定したとしても[6]、それで足りそうにはありません。それぐらいモノはますます増加のピッチを早めてゆくと思われます。現在、少なくとも年二パーセントのペースでモノが増えていると言われています。これはつまり、三五年ごとにモノの量が二倍、そのまた二倍……と増えていくということです。しかしこれでは、すぐに全宇宙にあるより多くの原子が必要になってしまうでしょう。

環境保護団体はささやかな妥協策として、モノではなく、サービスがこのようなペースで増加することをもって満足することもできるのではないかと提案していますが、それも新たな無理解の攻撃にあって抑えられています。それに、サービスの指数関数的増加［＝先の例のような一定倍率の増加］もまた不可能です。経済発展の初期段階では、経済成長にも生物学的成長と同様、プラスの面があることは確かです。しかし、ある程度のラインを越えると、フィードバックメカニズムの働きにより、その段階での成長も組織的に弱められ、それ以降に要求される課題は成長ではなく発展となります（一八ページの**図１−２**参照）。そして、さらにその後の段階になると、成長も今度はガンや異常な肥満のように、病的で発展を脅かすものになってしまうのです。

---

（４）五〇ヶ国以上にのぼる国々の幅広い分野の専門家を擁して、環境、食糧など地球規模の問題の研究、啓発活動を行っている団体。一九六八年設立。本部・パリ。
（５）ロックフェラー財団の援助を受けて一九七四年に設立された独立の地球環境問題研究機関。毎年 "*State of the World*『地球白書』" を刊行。所在地・ワシントンＤＣ。
（６）エネルギーとエコロジーの法則からモノの消費にストップのかかる点：第五章「単純化を排したシンプル主義」のシステム条件４を参照。

現代に見られる新たな知的混迷のエリートたちは、以前と比べても危険な存在であり、私たちは前述のような背景もふまえた上で、その動向を注視していかなければならないでしょう。この混迷の担い手たちは、しきりと科学を引き合いにだすものの、科学者とは違って物事の秩序や複雑さに対する謙虚さはもち合わせていません。またこの人たちは、「環境問題は、必ずなんとかうまく収まる」というモットーに従って行動し、おまけに恥ずかしげもなく自分たちだけが問題を解決できるかのようなことを言います。

しかし、専門分野の才能もなく、理論的に何が可能かの分析が示されることもありません。その代わり、あるときには素人臭い、またあるときには断片的な科学的知識が盛んに引用されるのです。このことは、温室効果ガスのさらなる増加も許す目的で南極海に肥料になる鉄分を撒いて海草を育てようとか、日光をさえぎって温暖化を食い止めるために月を爆破しようとか、フロンの排出はそのままでオゾンホールのほうを「修理」しよう、あるいは移住のために火星に酸素を定着させよう、さらには資源採掘やゴミ廃棄用のロケットを飛ばそうなどというように、人々に対して後ろ向きの姿勢を植えつける毒をふりまく、混乱した議論にも当てはまることです。そこで出てくる料理は、つねに全体を通じて、歴史上のさまざまな最終審判日の予言がいかに当たらなかったかという話で味つけされているのです。

合理性を例外なく自賛するこの混迷の思潮の特徴は、各分野で理性的に努力を重ねる専門家や、学際的に活動することの多いきら星のごとき人たちには、誰であろうと信頼を置こうとしない点でしょう。したがって、「環境問題は、必ずなんとかうまく収まる」との触れ込みも、事実に立脚する姿勢にもとづいているのではなく、「私たちのライフスタイルを変える必要はない」とする結論を科学が導いてくれるだろうという、宗教的とも言える確信に基礎づけられているのです。これが合理性をまとった迷信という、新時代の知的混迷のあり方です。科学への無邪気な信頼の、そのまた一変種であって、人を愚かにさせるこの傾向は、この何十年もの間、知的不誠実の態度と対をなして見受けられているわけですが、私たちはこれに異議を唱えていかなければなりません。しかし、合理性をまとった迷信が、今とくに顕著になってきているのも、科学が真に発展を遂げ、学際的な展望を築き始めたのと同時に、自らの可能性と限界についての批判的分析を進んで受け入れるようになったゆえのことなのです。

# 第8章　科学者と政治家と

科学者は医師と同様、社会の環境論議に指導的な役割をもって貢献できる豊かな可能性を備えています。科学者は複雑なものを扱い、未知のものを追求するのに熟練しています。「単純化を排したシンプル主義」は、科学者のほとんどが個々の専門科学の領域で用いている一つの方法論ですが、環境問題を扱うのに必要となる展望を得るためには、学際的な文脈においてもこれが適用されるのでなくてはなりません。現在スウェーデン国内、海外のいずれにおいても、大学の学際研究機関が育ちつつあります。学際的分野には「学際」の字義の通り、後ろ楯となる伝統的方法論がまったく存在せず、よって用いる手段も必要が生じるに従って開発していかなければなりません。物理、数学、化学、生物学のような伝統的専門科学と、経済学や生態学、諸工学などの分野は、この学際領域において統合され、それによって今度は、環境破壊、戦争と平和、社会発展、国際的経済関係、人口動態といった領域のさらに体系的な研究の可能性が開かれるのです。

学際研究の中には、意識的に運営されるプロジェクトとは関係なく発展しているものもあります。また、学際研究機関において築かれつつある学問的蓄積は、専門科学の研究者の中の、スケールの大きな問題の論議に積極的に参加していこうとしている人たちにも支えとなっています。学際部門発展のプロセスに引き込まれる研究機関はますます多数にのぼり、関連のセミナーの開催件数や出版物の刊行点数もさらに増えて、希望あふれる科学の新時代の到来を告げています。

歴史が浅く、新しい道を切り開くと同時にさまざまな抵抗と戦わなければならない学際的学問は、当然多くの問題とも戦わなければなりません。しかし私は、学際研究機関特有の問題については表面的にしか知らないため、ここではナチュラル・ステップに密接に関連する問題と、学際研究が政治の決定プロセスに有用かつ適切な知識を提供できる可能性の問題に焦点を絞ることとします。

科学者にとって何よりも欠かせないのは、問題を設定し、議論を行うことです。このことは科学の発達の条件の一つでもあるわけですが、これがまた、我々科学者たちが実際以上に対立しているかのような印象を、指導者層や大衆に与える結果にもつながってしまいがちです。それに科学者は、ずっと枝分かれした先の自分の専門分野で動き回っているものなので、自分がすでに離れてしまった概観的レベルで人々を導くのには不慣れなこともしばしばです。

これは何も、専門科学の分野で活動する科学者だけの問題ではなく、もっと一般的な傾向です。しかし、「〝持続可能な社会〟のことは誰もが口にするが、それについて知っている者は一人もいない」という、アカデミックな論議のあり方を評してよく聞かれる表現も、今日の深刻な状況を考えると、ずいぶん情けない話としか言いようがありません。というのは、持続可能な社会の基本条件に対する重大な違反が、世界各国で見られるからです。私たちは持続可能な社会の像について、枝葉末節のレベルでのんびりと思いをめぐらしていていいのでしょうか？　いまや世界のどの国も、そのような社会の定義のワクをあちこちからはみだし、その様子はまるで怪物ヒドラ(1)のようだとい

(1)　ギリシャ神話に出てくる九頭の大蛇。

うのに……。こんなことをしていないで私たちは、意見の一致を求めてとにかく語り合うべきなのではないでしょうか。

今述べたような、科学者同士が激しく対立しているように見えたり、科学者自身も専門分野の外での活動に慣れていなかったりする傾向は、政治家が適切な判断をするための基盤を得られないとか、科学者に寄せられていた信頼が失われるなどの結果を招き、その当然の帰結として政治家の下す決定は、無知にもとづいたものとなってしまうことも少なくありません。問題が正しく示されていさえすれば、政治家も堅固な土台を手に入れて、しっかりとそれに根ざした判断ができたはずなのに、実際の決定はそうはならずに、〝環境樹〟の末端の枝葉に依拠した貧弱なもの――「単純化の果ての複雑怪奇」――になってしまうのです。

ここで、説得力のある例を一つお見せしましょう。ある政治家がＰＣＢ［ポリ塩化ビフェニル］の使用中止を決定すべきかどうかの指針を得たいと考え、科学者の一団に次のように尋ねたとします。

「アザラシの子宮に癒着が起きて、繁殖力が低下しているそうだが、その原因がＰＣＢだというのは本当かね？」

すると科学者グループの反応は、細かな点をめぐる丁々発止の論戦となります。

「そうです。そのことはすでに証明されています」

「いや、証明はされていない。異質な見解を主張するあなたの行為は、科学者の信用を汚すものだ」

「私たちの分離した物質はＰＣＢなどよりずっと重要なのに、だれも私たちの話を聞いてくれません」

こうしてもたらされる情報が、政治的決定のベースとして役に立たないのは明らかです。その代わりに、もしこの政治家が因果関係のもっと基本的なレベルで質問していたのならば、答えはより示唆に富んだものとなっていたことでしょう。


「PCBは、これまで常に存在していた物資かね？」

「いいえ、自然界にとってなじみのない物質です」（全員が同意見）

「ではPCBは、生態系が処理できるような、安全な物質に容易に分解するものなのだろうか？それとも分解しにくい、安定した物質なのだろうか？」

「非常に安定した物質です。そうなるように私たちが意識的につくったものですから」

「それは結局、社会でのPCBの使用がつづく限り、生態系へのPCBの蓄積もつづくということかね？」

「はい、その通りです」

「そのような物質の許容レベルをあらかじめ見通しておくことは可能だろうか？」

「いいえ、まったく不可能です。自然界になじみのない物質同士の相互作用や、そうした物質と自然界との間の相互作用は無限に複雑ですから」

「ということは、そのような物質を社会で使いつづけるわけにはいかない、と？」

「その通りです。もし私たちが健全な生態系の維持や、それによって得られる自身の健康と繁栄を願うのであれば、そのような物質の使用は中止しなければなりません」

以上のことから私たちは、いくつかの結論を導くことができます。まず第一に、科学者との質疑が枝葉末節のレベルから離れたところに限定されて初めて、有益な情報が得られたということが明らかです。（政治家も、アザラシの子宮に関する専門的な興味を満たそうとしているのではなく、判断の根拠を求めているのだということは容易に想像がつきます。）さらに、個々の問題（この場合はＰＣＢ）に根本的なシステムレベルから光が当てられることで、結論がよりラジカルなものに——中途半端なものでなく——なるということも分かります。また先のやりとりから、なじみのない安定した物質の自然界への蓄積を社会は絶対に認めるべきではない（システム条件２）という点で、科学者の意見が一致し得ることも明らかです。しかしながら、いつ、どのようにしてＰＣＢが自然界と私たち自身に襲いかかるのかという点——何百、何千万とある個別問題のうちの一つ——になると、意見の統一はできないのでした。しかし、この意見の不一致ゆえにこそ、なおさら政治家は個別問題にそのつど深入りするよりも、システム的欠陥を早急に取り除くことのほうに実行力を発揮すべきなのです。

環境科学の内容は、さまざまな化学物質の閾（しきい）値——一酸化炭素、フロン、カドミウムなどの物質に対する自然界の許容限度——がどの当たりにあるのかを探ることが、その大部分を占めています。この閾（しきい）値（＝どのくらいの濃度になるまで——もっと悪く言えばどれだけ排出しても——自然界は耐えられるのかというレベル）については、科学者の間でも意見が一致しなかったり、確実なことが言えなかったりするために、濃度の上昇そのものに問題があるのだということを知らされていない社会の指導者層は、消極的な態度をとることになってしまうのです。

システム条件違反により自然界に蓄積している物質は、それぞれがいずれも未知の閾値に近づきつつあります。問題の全容を明確に把握するならば、誰もがすぐに、確信をもって語ろうとしない科学関係者とは反対の結論を引きだすでしょう。このことは、当然、そうした物質の増加の早急な抑制という目標にも帰結するはずです。そして、それが今度は、その目標を簡単に実現するための要件を問う態度につながるわけですが、これが実際その通りにいかないのは、社会と科学者の、個別領域に高度に専門分化したあり方——および責任分担の細分化——にその原因を求めることができます。しかし、もしもある単独の個人が全面的責任を負って化学物質の濃度上昇の問題に向き合わされたならば、そのときのその人の反応は、今の社会の典型的な反応とは違ったまともなものになるはずです。それとも、帰宅してみたら流しから水があふれて台所が水浸しというときに、こんな行動を取る主婦を見たことのある人がいるでしょうか？——水浸しの台所を見てその主婦は、蛇口を閉める代わりに、まず溢れた水が次に流れ込むのはどの部屋かを敷居の高さから考え、敷居が水に抗しきれるか確信がもてないからと、台所よりは耐水性が劣るであろう隣の部屋で予想される被害に思いをめぐらせ、最後には溢れた水をせっせと拭いて「問題に対処」しようとする——その間、依然として蛇口は開いたままなのです。

日常見聞きする個別問題から、今話題の例をもう一つ。それはずいぶん前から「単純化の果ての複雑怪奇」状態の二酸化炭素排出・温室効果問題です。これに関しては、政治家は科学者の助けを借りて、葉先ではなく大きな枝を見るようにしなくてはなりません。二酸化炭素の増加は、私たちが地層中の限りある資源を掘りだして消費していることに起因しています。この二酸化炭素の増加と並行して同じ地層から出たほかの汚染物質の増加も起こり、それによって酸性雨や重金属汚染も当然に進行します。地層内から大気中への二酸化炭素の流れは、石油を使って行われる人間の活動から生じる、あらゆる分子ゴミの流れとも結びついています。その人間の活動とは、たとえばほかの地層の（金属などの）採掘（＝システム条件1の違反）や、循環の維持に関する残りの三つのシステム条件に反するものです。石油利用の根底にあるシステム的欠陥が除かれない限り、このような行為のために私たちはどんどん貧しく不健康になってゆく、ということで私たちの見方は一致しています。したがって、その意味では大気中の二酸化炭素の増加は、私たちを貧困へと追いやるシステムの根本的欠陥のほどを示す一種の指標、あるいは尺度と見ることもできます。ところが政治家は、システムレベルに目を向ける代わりに、システムの欠陥の産物であって、しかも最近少し知られるようになったばかりの分子ゴミの、そのまた一種類に気を取られて混乱しているようです。


「君、二酸化炭素が地球の温暖化に結びつくのは知っているだろう？　そうなると氷河が溶けて黒い表土が露出するから、さらに気温が上昇する悪循環に陥るんだ」

「いや、まったくその反対だな。少し暖かくなれば水の蒸発がさかんになって雲が増え、太陽光の入射を防いでくれるから、結局、すべてがベストの状態に調節されるってわけさ」

「我々のコンピューターの解析によると、温室効果に関する限り、好影響と悪影響の総和は、アメリカと北欧、そして、日本の経済にはプラスに働くと出ている。だからそういう国は、気候変動防止の協定を結ぶことなど絶対にないだろう」

政策決定が枝葉末節のレベルに根ざしている限り科学者は論争をつづけ、一方政治家は、どっかりと腰を下ろしたままです。この政治家の無気力ぶりは、将来高いものにつきかねない、私たちの生命にかかわる問題です！　魅力ある未来へのカギは、私たちとその指導者層が自らシステム的視点を身に着け、科学者に対して適切な問いを発することができるようになっていくことの中に存在しているのです。

しかし、政治家の政策決定を容易に支援できないのは、科学者自身が基本的なシステムレベルから出発するのに不慣れなためだけではありません。もう一つの理由として、科学者には本来、自分の研究結果を熱心に提示しようとする傾向のあることが挙げられます。これはどこか個別の領域では、いつも通りの好ましい性質なのでしょうが、自分の業績を誇らしげに示そうとするならば、政治家の要求を忘れてしまう、まったくもって単純な誘因となるだけです。ただ科学者の側にしてみれば、研究結果はそもそも研究費を得た目的でもあり、今後の研究費を左右する重要なものです。それに、政治家の要求に自分を合わせることなど科学者の職務ではない、ということになります。

以上のことからはっきりと分かるのは、今日よりはるかに高度な学際的システムの分析・開発といった研究分野に投資を行い、システム的視点をもって政治家の要求に応えることのできる科学者を支援する必要があるということです。そうした分野の研究費は、私の専門であるガン研究や、成り立ちからして誤りのある領域を継ぎ接ぎするような研究開発などと比べても、まだまだ非常に少ないというのが私の認識です。そのために不毛な論議が横行し、誰も行動に移ろうとしない現状を皮肉って、自然保護局研究部門のビョルン・ヴァルグレーンはこう言っています。

「エッフェル塔から転落した場合の危険性を理解するのに、塔のてっぺんの高さが摂氏二〇度の条件下で海抜三四六、七二メートルであることを知っている必要はない」

　そうです。その転落により、骨折で死ぬ可能性と内出血で死ぬ可能性のどちらが大でどちらが小かを知っている必要もなければ、干し草を積んだ車がちょうど下を通りかかるなどして転落死の危険性が減る確率は全部足すと何%になるのか、算出されるのを待っている必要もないのです。

　最後に私たちがよく忘れてしまいがちなのは、科学者と政治家の通常の会合などでは、混乱どころか本当の誤解の生じるリスクが大きいということです。最大の危険性は、科学者の専門能力の範囲が、政策決定者の守備範囲とはっきり区分されていないという点にあります。私はこれまで、科学者がいかに政治家に「汚染」されて、有害物質の排出の影響と、それにともなう対策の必要性の議論を混同し始めるようになるかという、あまたの例を見てきました。そういうとき科学者は、政治家から表明されている「政治的現実から可能な線」のワク内に、自分の要求をいつのまにか収めてしまうのですが、そのような科学者の発言も受け取る側からすると、科学的にきちんとした裏付けがあって対策を要求しているかのように聞こえてしまいます。これはよくあることで、しかも非常に危険なことです！　たとえば、もし私が科学者として次のように言ったとしましょう。

「自然界への水銀の排出は、可能な限り減らさなければなりません。そこで私たちは、水銀を含む製品を九〇パーセント以上リサイクルできるよう、投資を進める必要があります」

　するとこの発言は、科学的な面で誤解を受け、あたかも「現行の社会の仕組みには手をつけず、その中でこれだけをめざせば科学的には充分である」と言ったかのように受け止められてしまうのです。本当はそうではないのに……。

　ここで、水銀について少し述べておきましょう。水銀は、決して分解することのない一つの元素です。私たちがこれまでに社会にため込んだ水銀を放出したとすると、自然界の水銀の濃度は大幅に上昇するでしょう（「付録3　自然科学的見地から見た金属汚染問題」参照）。水銀の再利用がさらに進むならば、自然界の水銀濃度の上昇ピッチは鈍りますが、回収率が一〇〇パーセントに達することは絶対にないため、結局、全部の水銀が社会から自然界に出尽してしまうまで濃度の上昇は止まらないでしょう。そのため科学者としては、すでに社会にため込まれている分の水銀の永久貯蔵処分と連携した、今後一切の採掘停止措置以外に人を安心させるようなアドバイスはできません。

さて、先に述べたような誤解を受ける危険性があるため、科学者は専門分野の研究と、自分の個人的な見解や政治的立場との境界を充分慎重に守ることが必要です。有効な対策と民主主義につきものの反対勢力による抵抗との間のバランスを取り、結果としての賭けを行う資格と責任があるのは、政治家であって科学者ではないのです。

ナチュラル・ステップのコンセンサス・メソッド（統一意見形成法）は、以上のような問題を扱うために開発されてきたものです。そのプロセスは、科学者組織〝ナチュラル・ステップ顧問団〟でスタートします。ナチュラル・ステップ顧問団は、議論の沸騰している各種の環境問題について文書を作成します。私たちは見解の相違をめぐって議論するのではなく、その代わりに「みんなの意見が一致しているのはどこまでか？」を問うことで、問題を違った角度から見直します。その際の指針となるものとして開発されたのが、「単純化を排したシンプル主義」です。こうして意見をまとめ上げていくと、まずほとんどの場合、「いたずらに新奇な知識を追い求めずとも、社会の意思決定の手がかりは、古くよりよく知られたゆるぎない学問体系が与えてくれるものである」ということを、参加者の誰もがある種の恐れも混じった喜びとともに再認識させられることになります。

また、そうでないときには、私たちは専門分野の有能な人々に確実な知識の土台を示して、アドバイスを求めます。その場合にアドバイスを求める対象としては、たとえばナチュラル・ステップの自治体向け組織〝エコ・コミューネナ〟に所属する政治家などが該当します。

ナチュラル・ステップ顧問団の理事会のメンバーには、自然科学分野ではスウェーデンで最高の人材が集まっています。この陣容は、スウェーデンの一番良い面を代表していると言っていいでしょう。私は自分の友人として、この人たちについて語れることを非常な誇りとしています。その中でも、自然保護局研究部門のビョルン・ヴァルグレーン、自然保護協会のボー・オルソン、ストックホルム大学資源効率改善研究部門のエーリク・アルヘニウスの三人は、私がナチュラル・ステップ流のやり方を確立するのに最初に手を貸してくれた人たちで、楽しいときも苦しいときも、落ち着いた適確な態度で活動にかかわりつづけてきています。ボー・オルソンに何か簡単なことを尋ねると、その答えはそのまますぐ出版できそうな形で返ってきます。では難しいことを尋ねると……時間はかかるものの、やはり答はそのまま出版できるくらいです。ビョルン・ヴァルグレーンは、私が生涯に出会った中で一番知的誠実さにあふれた人物です。またエーリク・アルヘニウスという人は、あまりにも広範な領域に才能を発揮しているので恐ろしくなるほどです。物理、化学、政治、経済、工学技術等々――そのすべてが、時間的にも空間的にも地球規模の問題意識へと深められ、統合されているのです。つまり、一人でほとんど学際コンセンサス機関のような人なのです。

そのほかにも理事会の多数のメンバーが、スウェーデンに学際分野の知識を移入するための学問的基盤を築き上げることに力を合わせてきました。イェーテボリにあるシャルメシュ工科大学資源物理研究所所属の理論物理学教授、カール＝エーリク・エーリクソンはそんなメンバーの一人で、イェーテボリ大学における学際研究センターの設立と、ヒューマンエコロジーのスウェーデンへの紹介・導入を陰で支えた熱血漢です。おかげでイェーテボリは、スウェーデンにおけるヒューマンエコロジーのメッカになっています。また彼は、これまで物理と学際分野で私にとって最も身近な教師でした。ナチュラル・ステップの統一意見文書作成の、とくに最終段階などでは、私たち二人はひっきりなしと言っていいくらいに連絡を取り合っていました。

それから、シャルメシュ工科大学出身の工学物理エンジニア、ヨン・ホルムベリは、カール゠エーリク・エーリクソンを資源物理学教育の指導者に仰ぎ、エコロジー社会指標の開発にとくに力を注いできました。これは循環社会の実現を目指す自治体の社会計画立案者に、より簡明なフィードバックを与えるものです。ヨンは知的な厳格さでものごとを推し進める一方、人類の存亡がかかった大問題には敏感に反応する豊かな感情も備えている人です。

そして、ルレオ工科大学教授のニルス・ティーベリもナチュラル・ステップ顧問団理事会のメンバーで、産業界の冶金学者だったこともあって、廃棄物関連技術（ゴミ研究）分野におけるパイオニア的業績でその名を全国に知られていました。この人には自分の知識を大衆の耳目にまで送り届ける才能があり、それによってコンポスト技術などでは我が国の教祖的存在となっています。

また、ベストセラーとなった本『環境にやさしい買い物をしよう（*Handla miljövänligt*）』の著者の一人、ボー・トゥーンベリはファックスをもっていて、それを使ってよく練られた提案やすぐれたアイデアを私個人やナチュラル・ステップ事務局宛てに多数送ってくれるので、彼がこれまでの運動の発展に果たした貢献の大きさは計り知れないものがあります。それから、アンデシュ・ヴィクマンは、とくにその政治的手腕がナチュラル・ステップにとっての財産となっています。彼のそうした能力は、強い印象を与える話し方と相まって、どこへ行っても周囲に尊敬の念を与えます。

最後にベングト・ヒューベンディック教授。彼は、ずいぶんと前からヒューマンエコロジーの分野で国民の啓蒙にあたってきた人物で、『人間のエコロジー（*Människoekologi*）』という親しみやすい本や、優れた内容をもつ『地球の上の私たち（*Vi på vår jord*）』のような、誰もが気軽に手にとれるポピュラーサイエンスの書籍を多数著しています。そのため彼は、ヒューマンエコロジーの、そして私たちが直面している大いなる課題を国民に知らしめる活動の、スウェーデンにおける開祖のような人物と言われるようになったのでした。

私は、かつて経験した中でも最高に創造的で献身的な雰囲気を、ナチュラル・ステップ顧問団の六〇人のメンバーやほかのネットワーク組織のメンバーとともに、この活動の中で満喫してきました。そうした私たちの活動の中から、これまでに結果として実を結んだ意見統一作業の実例を付録2～4にお見せします。「付録2　自然科学的見地から見たエネルギー問題」は、エネルギー利用の原則まで取り上げたものであり、よってほかの活動の基礎とも言えるものです。この文書は、一九九〇年一二月一〇日の国会でのヒアリングの際の土台ともなりました。次の「付録3　自然科学的見地から見た金属汚染問題」は、金属資源の直線的利用が、いかに複雑な問題を大きな時間差をともなって引き起こすかを実例で示したものです。この問題は、さらに広がりをみせる前に対処しておく必要があるでしょう。最後に私たちの活動を例示したのが、「付録4　自然科学的見地から見た交通輸送問題」です。この文書は、ナチュラル・ステップの科学者と、政界および産業界の代表者との間の、共同作業の中から生まれたものです。文書の下書きは科学者側で行い、それを国会議事堂で行われた全代表者参加の研究会に提出しました。この文書の最終的な出来栄えは、科学者サイドには不満の残るものかもしれません。しかし私は、広くアドバイスを求めるこの文書が、才能ある人々の誠実な知性に訴えかける力をもっていると思います。ほかにも統一意見文書の例として、「農業問題」編および「環境保護促進政策」編があり、希望者はナチュラル・ステップ事務局を通じて注文できるようになっています。

ナチュラル・ステップのこれらの文書や今後出される文書に、まだ改善の余地があると思う人がいたとしても私たちは落胆しませんが、自分たちが何も知らされないまま、誤りを正すための援助も受けずにいるのだとしたら、悲しくなってしまうでしょう。環境問題は、私たちみんなの問題です。そして、ナチュラル・ステップの存在意義は、自然のエキスパートたちが長期的対話に絶えず耳を傾け、私たちの直面している人類存亡の危機の根底にある問題に正しく焦点を当て、ほかのネットワーク組織が知識を利用できる環境を整え、それらの組織に充分魅力的な活動を展開させ、成長させるところにあります。このプロセスは、ますます多くの人が活動にかかわり、環境問題を自分たちに共通の問題と受け止めて、自然に対する奉仕に自身の能力をいつでも提供しようと努めることで成り立つものです。そしてそれが、ナチュラル・ステップのあり方なのです。

# 付録

## 組織図

DET NATURLIGA STEGET

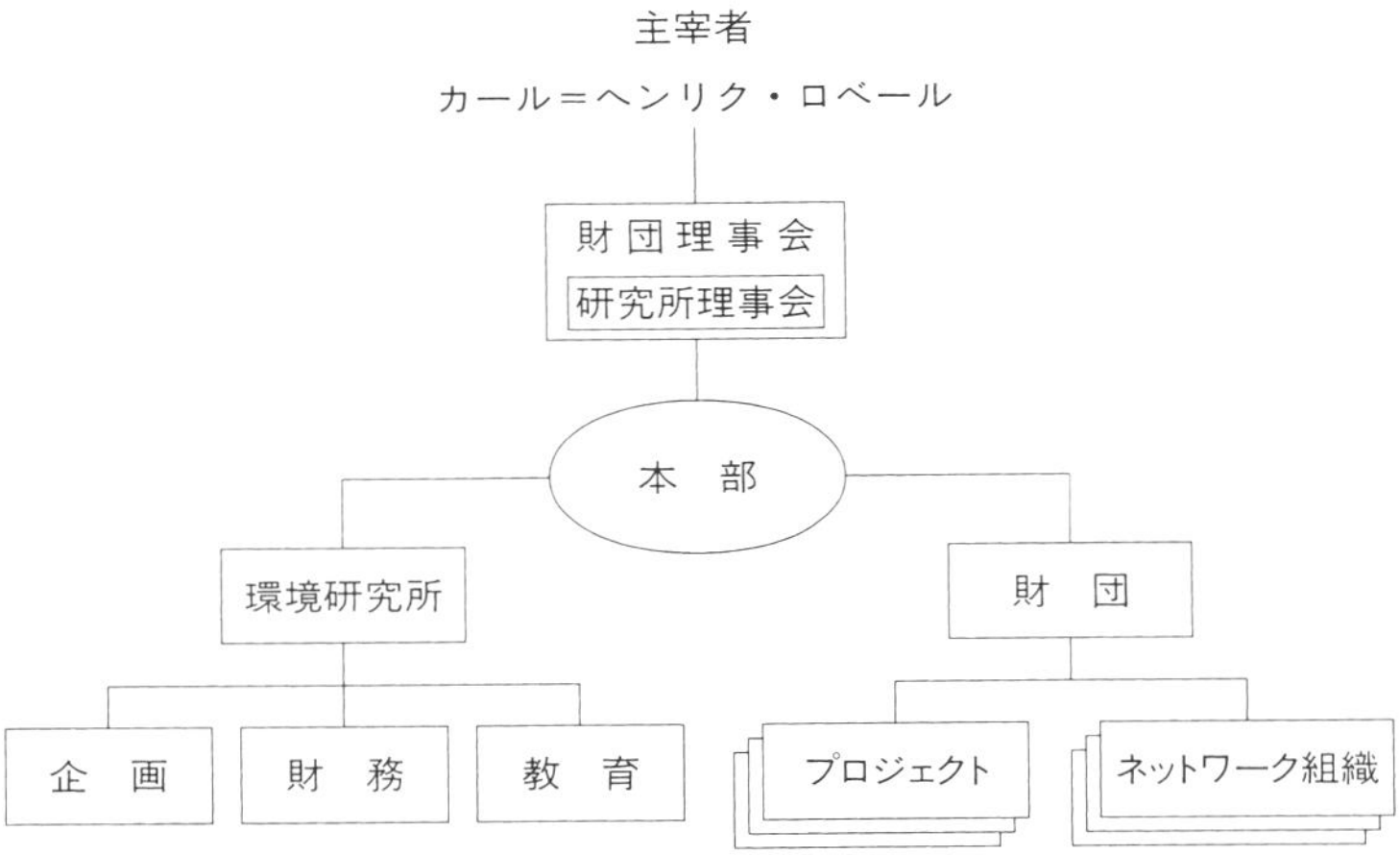


後援者：スウェーデン国王　カール16世グスタフ

主なメンバー企業・団体

ABBフレクト社（産業機械メーカー）、カール・ムンター社（空調機器メーカー）、ICA（スーパーマーケット）、イケア（家具メーカー）、工場労働者組合、フォルクサム（保険会社）、消費者生活協同組合、金属労働者組合、ライオンズクラブ、農民全国連盟、ノードバンケン（銀行）、石油消費者協同組合、スウェーデン国有鉄道、スウェーデン教会、スウェーデン・セキュリティーサービス社、ホワイトカラー中央組織、WMIセルベリ社（廃棄物処理会社）

# 付録1　ナチュラル・ステップのあゆみ（一九八九〜一九九三）

## 一九八九年

●「ナチュラル・ステップ顧問団（環境のために行動する人文・自然科学者たち）」、「環境のために行動するアーティストたち」、「環境のために行動する企業経営者たち」の各組織が結成される。
●ナチュラル・ステップ顧問団がスウェーデン国会で環境アピールを発表（三月）。
●スウェーデン国内すべての世帯と学校に宛てて発送された小冊子と付属のカセットテープにより、ナチュラル・ステップが広く国民に知られるところとなる。
●ストックホルムで開かれた環境シンポジウムの際に、「青少年環境国会（環境のために行動する学生・生徒たち）」が設立される。
●「環境に捧げるロックミュージック」（四月二九日、TV2チャンネルで放映）
●ナチュラル・ステップ結成を祝う夕べ（四月三〇日、TV1チャンネルで放映）
●スウェーデンの世論調査機関SIFOによる二種類の調査を実施。すでに圧倒的多数が、ナチュラル・ステップを何らかの肯定的な形で受け止めていると判明。
●全日刊紙上での全国的広告キャンペーンが、新聞発行者協会の「教育に新聞を」キャンペーン[1]と共同で行われる。

●全バルト諸国から三〇人の青少年の参加を得て、「環境週間」を実施。
●ストレングネース[2]にて、初の青少年環境国会を全国学生・生徒組織と共同開催。首相によって開会が宣言され、集まった千人の学生・生徒が書き上げた環境宣言は、スウェーデン国会の議長に手渡された。
●全国各地の学校で、支部の設立が開始される。
●ナチュラル・ステップ巡回展が、国立博物館、自然保護協会、学習サークル連盟の協賛で始まり、各県の博物館を会場に、その後一年半にわたって開かれる。
●学校庁の新教育計画に関して、五五〇のレミス団体[3]の全部に文書を送付。
●ＯＫ［石油消費者組合］、ガソリンスタンドチェーンTEXACO[4]、スポーツ連盟POOL 2000の協賛で、「バッテリー・電池回収大キャンペーン」を万聖節の期間に実施。自動車用バッテリー一五万個と、電池一七トンを集める。
●ナチュラル・ステップが、生協およびKorpen［全国職域スポーツ連盟］と共催したクイズラリーに、五万人が参加。
●ナチュラル・ステップが、ポーランドでも設立される。
●政府は、ナチュラル・ステップの継続的活動を支えるための宝くじの発行を、財団法人ナチュラル・ステップに対して認可（六月二九日）。
●「環境レポート」発行開始。クラース・シェーベリを編集長として、企業およびコミューン［地方自治体］向けに、国内や海外での環境ビジネスの拡大ぶりを伝える記事を毎月のように掲載。
●ナチュラル・ステップの協力の結果、オーレブロー・コンシューム[5]は、全国でも最も強力な環境プログラムの採用と、使い捨てペットボトル入り飲料の販売停止を決定。
●ナチュラル・ステップは、産業・ビジネス分野での大胆かつ先見の明にあふれる決定を奨励するため、環境賞を創設。第一回は、オーレブロー・コンシュームが受賞。

## 一九九〇年

●エコロジー的に持続可能な交通輸送計画に関して、意見統一セミナーを国会で実施（二月二一日）。ナチュラル・ステップの科学者組織と産業界の代表者らが、国会内の全政党の代表者らとともに一編の統一意見文書（本書付録4）に意見を結集。
●イクスタホルムにて、産業界向けのエネルギーセミナーが、SAF［スウェーデン経営者連盟］の主催で開かれる。(6)
●チーズ会社リークスオスト主催のロックミュージックツアーが始まる。その収益は青少年環境国会内に設立された各地域の学校支部向け基金へ。

(1) 教育教材としての新聞の活用を訴えたキャンペーン。
(2) ストックホルムの西六〇キロの町。
(3) 政策決定にあたって意見の表明を求められることになっている、各種の利益団体。
(4) 一〇月三一日以降の最初の土曜日が聖人の日で、それを含む週末。
(5) オーレブローはストックホルムの西北西一六〇キロにある大都市。コンシュームは生協店舗。
(6) ストックホルムの南西九〇キロ、メールレーサ所在の雇用者連盟所有の研修・会議施設。

●ヴァチカンでのプライベートな席上で、ローマ法王がナチュラル・ステップ・ポーランド支部の後援者になることを約す。
●デンマークにて、家具メーカー、イケアグループ首脳陣に対し、環境教育を実施。
●チューリッヒ工科大学での三日間のセミナーの後、ナチュラル・ステップ・スイス支部がスタート。
●クングソール・コミューン[7]が、ナチュラル・ステップの自治体向け組織、エコ・コミューネナへの加入を決定。
●ワルシャワに、国際環境サービスセンターが開設される。
●イェーテボリのレジャー協会および自然保護協会との協力で、常設のハイキング道路が開通。
●「環境のために行動するアーティストたち」が、初めてのセミナーをヒュッディィンゲ病院で開催し、主要メンバーとしてビッビ・アンデション、ヤーン・マルムシェー、モニカ・ドミニーク、カール＝アクセル・ドミニーク、アンデシュ・リンデル、アンニ＝フリード・リングスタードの各氏から成る作業部会を設置。
●オランダのハーグで開かれた貿易振興会主催の産業フェアに協賛。スウェーデン国王陛下は開会の辞の中で、環境を基調理念として掲げる。
●全国学生・生徒組織の協力を得て、第二回青少年環境国会をヘルシンボリ[8]で開催。副首相の宣言により開会し、千人の青少年が参加。
●自転車を使用するメッセンジャー会社〝グレーナ・ブード〟と、メルンダール・コミューン[9]が、この年のナチュラル・ステップ環境賞を分け合う。

●ナチュラル・ステップ環境研究所が設立される。
●統一意見文書「自然科学的見地から見たエネルギー問題」（本書付録2）が、国会の農業委員会と産業委員会のメンバーが参加した公聴会で発表される。
●国会でのセミナーを契機として、ナチュラル・ステップの科学者組織による「スウェーデン国民環境事典」制作プロジェクトがスタート。（ブラー・ベッケル社のナショナル・エンサイクロペディア制作部門との共同プロジェクト）
●TV番組「ダブロブスキー」の中で、アンニ＝フリード・リングスタードによる「全国コンポスト普及キャンペーン」が始まる。

## 一九九一年

●医師会でのセミナーの際に、新組織「環境のために行動する医師たち」が結成される。医師向けの雑誌〈レーカルティィーニゲン〉に掲載された最初の呼びかけに、一二〇人の医師から申し込み。
●スウェーデン国王自らが提唱のプロジェクト、「カール・グスタフ国王環境コンテスト」がスタート。全国のコミューンが賞を目指して一九九一年いっぱい競い、一九九二年に賞の授与が行われることに。

(7) ストックホルムの西一一〇キロ。
(8) スウェーデン最南端近くの大都市。
(9) スウェーデン第二の都市イェーテボリの一〇キロ南。

●イェーテボリ大学、王立科学アカデミー、フォルクサム研究基金、北欧ヒューマンエコロジー協力機構と共同で、ヒューマンエコロジー国際会議をイェーテボリにて開催。
●ナチュラル・ステップが、ロンドンのケンブリッジシアターにある社会発明協会選定の、一九九一年度社会発展プロジェクト第一位に輝く。
●ストックホルムのグスタフ・アドルフ広場において、ストックホルム・ウォーターフェスティバルのための環境イベントを催す。
●エルムヒュルト・コミューン[10]およびニーネースハムヌ・コミューン[11]が、ナチュラル・ステップの自治体向け組織、エコ・コミューネナへの加入を決定。
●エルムヒュルトにて、イケアの下請け業者五五〇人に環境教育を実施。
●青少年環境国会開催。通信衛星も使用して、全国二〇〇の学校から一五万人が参加。

## 一九九二年

●「スウェーデン国民環境事典」が完成。イケアの各店にて、一冊一五〇クローネで販売開始。
●ナチュラル・ステップ環境研究所株式会社が、エコロジー的企業経営システム思考の教育教材準備を終え、企業およびコミューンを対象に活動を始める。
●「環境のために行動するエンジニアたち」、同「教師たち」、「心理学者たち」、「食品業者たち」の各組織が発足。
●エコロジー的企業経営システム思考の教育コース受講経験者で、すでにその分野のエキスパートでもある企業経営者らをローセンバード[12]に集めて、円卓セミナーを開催。
●ロンドンのシューマッハー・コレギウムと共同で三件の環境セミナーを開講の後、ナチュラル・ステップ・イングランドがスタート。
●「環境のために行動するアーティストたち」が、初のシングルレコードを発売し、オーベスホルム会館[13]で音楽イベントを実施。
●ストックホルムのシェップスホルメン島にて、ユートペラ財団およびストックホルム・コンシューム［生協店舗］の協力で、〝循環社会フェスティバル〟を開催。期間中、「環境のために行動するアーティストたち」は、「命が惜しくば金を出せ」と題したショーを上演。
●「環境のために行動するアーティストたち」が、ストックホルム所在の王宮中庭にて、音楽イベントを催す。なお、国王夫妻がこうした公衆向けイベントのために王宮中庭を開放したのは、今回が初めてで、このときの収益金は、主にストックホルムに設置の環境掲示板に使用された。
●〝カール・グスタフ国王環境賞〟が決定。一位ボーレンゲ[14]、二位クングソール、三位オーレブロー の各コミューン。
●「環境のために行動する医師たち」により、第三回国際医師環境ミーティングが開かれる。後援

(10) 南スウェーデンの内陸部に所在。
(11) ストックホルムの南五〇キロ。
(12) ストックホルムの首相官邸所在地。
(13) 南スウェーデンのトレーネにある文化施設。
(14) ストックホルムの北西二〇〇キロ。

者はシルヴィア王女。

●一九九二年青少年環境国会が、ボーレンゲにて、環境シンポジウムを皮切りに始まる。その後、各地の学校ごとに特定のテーマを中心にイベント。

●アーネビー[15]、ボルネース[16]、ボーレンゲ、エーケルエー[17]、ゴットランド[18]、ヴァールベリ[19]、オーレブローの各コミューンが、エコ・コミューネナへの加入を決定。

●企業の環境保護責任をめぐるセミナーを、ヴェッカンス・アファーレル社と共催。

●この年のナチュラル・ステップ環境賞は、北西スコーネ清掃・ゴミ処理株式会社が受賞[20]。

●「環境のために行動するエコノミストたち」が、統一意見文書「健全な社会を導く促進策」を発表。

●「環境のために行動する医師たち」が、交通輸送と健康の問題に関する統一意見文書を発表。

**一九九三年**

●ナチュラル・ステップ環境賞が、エレクトロラックス社［家電メーカー］と、株式会社大ストックホルム地域交通に贈られる。

●ナチュラル・ステップ顧問団が、統一意見文書「自然科学的見地から見た金属汚染問題」を発表。

●「環境のために行動する食品業者たち」が、統一意見文書「いのちの産業――循環原理と農業と――」を発表。

●オーベスホルム会館［前出］にて、音楽イベントを開催（七月一一日）。

●第二回循環社会フェスティバル開催（八月六日～一五日）。
●エコロジーイベント「環境列車ツアー」を、八月三〇日から九月一九日にかけて実施。

（15）ストックホルムの南西二五〇キロ。
（16）ストックホルムの北北西二五〇キロ。
（17）ストックホルムの南西二〇キロ。
（18）南部スウェーデン東方沖の島。
（19）イェーテボリの南南東七〇キロ。
（20）スコーネはスウェーデン最南部の地方。

# 付録2　自然科学的見地から見たエネルギー問題

この付録では、エネルギー論議の科学的背景を述べることとする。そうした基礎の上に立てば、原子力や化石燃料の使用を中止すべきであること、それもできる限り早くしなければならないということが確認できよう。しかしながら、それが年数にして何年ぐらいのうちになのかということになると、我々科学者が決定を下すことはできない。というのも、問題が自然科学より政治の分野に属しているからである。基本的な自然の法則をふまえた上で、なお原子力エネルギーの使用を支持する科学者も存在する。それが、化石燃料の場合も同様である。だからといって、そのような科学者たちでも、長期的な観点から見てこれらのエネルギー源を保持してゆけると考えているわけではないし、原子力か化石燃料のどちらか一方を、短期的にであれ保持しておくことが科学的に望ましいと思っているわけでもなく、これまで見たところでは、次のいずれかに当てはまるようである。

●その科学者が、必要なエネルギーの最低レベルとして政治的に決定された特定の数値にもとづいて、原子力や化石燃料の使用中止例をさまざまなケースで分析しようとしている場合。

しかしながら、エネルギー消費レベルを科学的に決定することは不可能なため、分析の試みも、個々の例で最良のケースの推測にならざるを得ない。

● 一個人が誰でもするように、その科学者も、現実の政治において可能な線を判断しようと努めている場合。

これは別の言葉で言えば、原子力や化石燃料の使用中止を早めようとすると大衆がどれだけ抵抗するかを予測していると言えよう。つまり、「国民は、利便性を少しでも犠牲にすることには同意しないだろうから、原子力や化石燃料の使用をあまり早く中止することはできないし、短期的にはこの二つのどちらを先に使用中止にするか、選択しなければならない」という考え方である。とはいえ、科学的に見て避けられない犠牲を国民に受け入れさせることは不可能だろうとするのは、科学者でなくてもできるような推測の範囲を出るものではない。それに、大衆がどれだけついてくるかの推測は、判断材料が将来にわたって不変であることを前提としたものである。

しかし、科学者の責務とは、大衆の行動力を、その頭越しに推測するところにあるのではなく、物事の科学的関係を調べ、そうして得られた知識を広めることで、重要な決定を大衆自らが下せるよう導くところに存在する。その際最も価値があるのは、〝事実〟、すなわち「どこまでなら我々の意見は一致しているのか」についての知識である。原子力も化石燃料も、持続的利用が可能なエネルギーではないため、その使用は中止しなければならない。また、両者の使用中止を先延ばしにすることは、大きなリスクをともなう行為である。巨大な工業システムと生態系の複雑さゆえ、環境が原子力と化石燃料から受けたダメージがいつになったら現れてくるのか、その時期を予言することはできないし、使用中止先送りのリスクを評価することもできない。したがって、これらの点についての判断は、推測にもとづいたものとならざるを得ないのである。

科学の基本的観点から見て、原子力と化石燃料の実質コストや、目下これらのエネルギーを使用している社会活動の規模は増大の一途をたどっていることから、我々がこれ以上豊かになることは決してなく、変革への取り組みを実行に移すときは、今をおいてほかにない。現在の直線的資源利用の真のコスト、言い換えれば、資源の消耗と生態系が廃棄物により受けるダメージのコストは、我々の創造する物質的価値の増加分を上回っている。持続不可能な活動によって生じるツケは膨れ上がる一方であるが、これはいずれ支払わなければならないものであるし、今日でも、もはやこれ以上支払いを将来に先延ばしすることのできない〝満期〟が訪れていると言えよう。したがって、今のエネルギー消費レベルは、すでに経済的理由からしても削減が必要なのである。このことは、エネルギーが完全にクリーンで、その上タダであったとしても、現在見られるようなエネルギーの利用形態には当てはまることである。

持続可能な経済の速やかな発展は、個人消費と利便性のある程度の犠牲なしには実現できないが、犠牲を払わないほかの選択肢は、すぐにもっと悪い結果を呼ぶため、そうした犠牲は将来への投資である。自分たちの未来や子どもたちに残す環境への思いと、現実の政治との間に不一致がないところに社会の秩序はあるのであって、もし一致点を見いだせないのであれば、社会の秩序というものは定義により崩壊しているということになろう。

## 問題の自然科学的背景

1 物理の法則により、エネルギーは消滅することがなく、その〝生産〟も〝消費〟も不可能であって、ただその形態を、あるものから別のものへと変換することができるにすぎない。

**2** エネルギーの量が同じであっても、その存在形態によって実行できる仕事量が異なってくる場合があり、エネルギー形態の質の善し悪しは、実行可能な仕事の量によって判定される。大量の力学的な仕事を行える、質の良い形態のエネルギーとしては、たとえば化学エネルギー、電気エネルギー、位置エネルギー(1)が挙げられる。もっとも質が劣るのは、低い温度の熱エネルギーである。

**3** 社会の活動のあらゆる側面で、エネルギーは形態を変えながら流れてゆく。その際つねにエネルギー品質の劣化が生じ、いずれ最低の熱エネルギーにまで至る。エネルギーが実際消えてなくなるわけではないにもかかわらず、「エネルギーが消費される」という間違った表現をよく耳にすることがある。しかしながら、消費されたのは、ある量のエネルギーが一つの仕事を行える能力なのである。エネルギーがすべて熱に変わり、周囲に放散されたとき、そのエネルギーの仕事能力はゼロである。

**4** ある系(2)から引きだせる力学的な仕事能力には、その系のもつエネルギー量だけでなく、系の周

---

(1) 同じ重さの物体でも、より高い所にある場合ほど、落下してきたときの衝撃は大きい。つまり、高い所にある物体は、それだけ多くの運動エネルギーを潜在的に有していると言える。ある基準となる位置からの距離によって定まるこのような潜在エネルギーを、位置エネルギーと言う。

(2) 熱力学的現象を考察するときに、都合上、周囲の空間から分離して扱われる一定の範囲の領域と、そこに含まれる物体。その際重要なのは、系とその周囲との間のエネルギーの出入りであって、物体の詳細な構造は問わない。

囲との差も影響する。周囲温度が摂氏零度のとき、摂氏一〇〇度・五〇リットルの水と、摂氏五〇度・一〇〇リットルの水のもつエネルギー量は等しい。しかし仕事能力は、前者が後者のほぼ二倍である。ゆえに摂氏一〇〇度の水のエネルギーのほうが有用性があり、周囲との差の大きさゆえに価値があるといえよう。ある系から最大限引きだすことのできる力学的仕事能力を「エクセルギー」という。この概念は、系のエネルギー量だけでなく、周囲の環境との差にも着目されるようになって登場したものである。

5 エネルギーの流れは、いずれ必ず熱となって終わり、周囲との温度差の平準化もつづくため、系から引きだせる仕事能力はどんどん小さくなってゆく（すなわちエクセルギーの減少）。エネルギーの質が自然に低下するこの現象を止めることは不可能であり、ただスピードを遅くすることができるにすぎない。質の良いエネルギーの仕事能力が、たえず周囲に放散する熱の形で失われてゆくということは、乱雑さが増すということを意味する。「乱雑さが増す」とは、ちょうどジャガイモが床一面にばらまかれるようにエネルギーが放出され、周囲と一様になってしまうことである。これは、袋のコインが地球全面にばらまかれることにもたとえられよう。コインは消えてなくなったわけではないが、もうその金で家を買うことはできない。この意味で逆に乱雑でないのは、一ヶ所に集めて置かれているジャガイモや、袋に収まっているコインのように、周囲との差を保ちながら保持されているときのエネルギーである。これらのことは、熱力学という物理の一分野において記述されている。乱雑さ（秩序正しさではないことに注意）を表す尺度もあり、それを「エントロピー」と称する。

6 物質とエネルギーは、非常に近い関係にある概念である。物質も、周囲との差異を平準化するような、容赦ない劣化のプロセスにさらされている。つまり物質は、より小さなものへと分割され、徐々に周囲へ拡散してゆくということである。大きな岩は砂利となり、いずれは塵になってしまう。この、〝上から下へ〟の厳然たる流れと、それにともなう周囲との均質化は、エネルギーと物質の両方に当てはまることである。

7 物理の法則によれば、ある限られた領域内の乱雑さを、我々の側からの働きかけによって減少させることは可能ではあるが、その場合でも、どこかほかの領域での乱雑さの増大は避けられない。なぜなら、作業の効率が一〇〇パーセントになることは絶対にないからである。たとえば、私がガレージを片づけるとしよう。私がほこりや散らかしたがらくたを集めても、その代償として、必ずどこかほかの部分での乱雑さが増大している。掃除機の集塵袋が行き着くゴミの山、清掃用具を製造した工場、老朽化してゆく掃除機、流れ落ちる水のエネルギーが電気となって電線を伝わり、掃除機に届くまでのエネルギー損失……そして、掃除をした私自身も乱雑さの増大（＝エントロピーの増加）に貢献し、それが暖かいシャワーを浴び、汗で濡れた下着を洗い、失われた水分とエネルギー（つまりはコーヒーとサンドイッチ）を補充したい欲求へとつながるのである。

8 以上のことから分かるのは、我々には自分の力で何らかの構造物をつくり上げることが、全体的に見てそもそも不可能だということである。エネルギーと物質の劣化という形での崩壊作用のほうが、物を構築する我々の営みよりつねに強大だからである。ゆえに、ある材料を使い、それを元より価値のあるものに変えることも、その際に生じるエネルギーと物質の劣化というコストを考えに入れると不可能ということになろう。ところが我々は、これまで何千年もの間、生産活動をすることができていたのであった。では、乱雑さを減少させて我々を助けてくれるもの、言い換えれば、我々の廃棄物から再び資源をつくりだしているものは、いったい何なのであろうか?

9 地球を取り囲む一番外側の薄い殻、すなわち地表と大気は、乱雑さを減少させ、秩序をもたらす、はっきりとしたプロセスをこれまでに通過してきている。生命の誕生以来、地表と大気に含まれる物質の有用性を高める働きをしているのもこのプロセスである。我々にとって有害な原始の大気や、塵だらけの荒れ果てた地表も、何十億年と経るうちに非常に複雑でエネルギーを内に含んだ対照的な存在、つまり動物と植物とに変えられたのであった。我々が日常〝自然〟と呼んでいるのは、この動物と植物であるが、このうち世界に秩序をもたらしているのは、主に植物のほうである。植物が自分を形づくる際に用いる精度は、我々が生産活動で用いている精度より何百万倍も高いものである。しかし、そのような洗練された構成法をもつ植物といえども物理の法則と無関係ではいられない。地表の植物のもつ秩序増大の働きを、科学的観点から説明がつくようにするためには、どこか別の所で乱雑さが増しているのでなければならないだろう。

10 地球上のエントロピーを減少させる(=秩序や価値を増大させる)効果の元になるエネルギーは、そのすべてが太陽から届けられている。地球が宇宙空間の中で向き合う太陽——そこでは、太陽光を生みだす核反応プロセスにおいて、途方もない乱雑さの増大(=エントロピーの増加)が起こっているのだ。

植物が用いる、太陽光を駆動力にした化学反応プロセスを光合成という。こうした植物の働きにより変換された光エネルギーは、最終的には熱となり、冷たい宇宙空間へと発散されてゆく。

地球上での乱雑さの減少ぶりに比べて、太陽の核反応プロセスや宇宙空間における乱雑さの増大ぶりのほうがはるかに大きいのであるから、当然、物理の法則は何も破られてはいない。地球上の自然の循環や生物圏の秩序正しさ（項目9）は、地球に入射する太陽光のもつ高い秩序正しさと、地球から宇宙に低温で放出される熱のもつ低い秩序正しさの差額である。原始大気に含まれていた有害な細かい分子は、結果的に、生命に満ちた自然をつくり上げる礎石となった。

11 この何十億年もの間、乱雑さを減少させる植物の営みにじゃまをしてきたのは、人間とそのほかの動物である。動物は眠っている間さえ物質とエネルギー（つまりは、食料として取り入れた植物）を劣化させており、その量は自分の体内の細胞で生みだされる量を上回っている。しかしながら動物や人間の排出物が、それらの分解を引き受ける生物（菌類やバクテリアなど）にとって多すぎるということはなかったので、植物は光合成の働きにより、そうした排出物の分解されたものから、エネルギーを豊富に含んださらに大量の組織を新たに構成することができたのであった。その上、我々の排出物は植物の構成素材としてまさにうってつけだった。よって、あらゆる形態の生物の発達は、動物と緑の植物、ならびに自然界のゴミを分解する生物の間の一つの調和として生じたと言えよう。

我々人間および動物の食べ物の残りかすや、キャンプファイヤーの煙、灰、死んだ植物や動物、そして人間社会の廃虚から、つねに新しい命が再び芽生えてきたのである。

12 分解された自然界のゴミが成長する生物組織によって引き取られ、その中に再度組み込まれるということは、物質の流れが循環の一部になっているということである。ゴミにまで質の低下した物質が、太陽をエネルギー源として再び新たな生命プロセスの礎石となるのだ。その礎石の中でも基本的なもの（たとえば水、炭素、酸素、窒素、硫黄、リンなど）はすべて、動物や大気および水の動きと光合成のプロセスを通じて、太陽により駆動される大きな循環の中を巡っている。我々の繁栄というものは、ひとえにこの循環に依存したものである。それは、生命プロセスの調整機能が、高等生物にとって危険なものとなりかねないさまざまな物質の濃度を下げてバランスを保っているということでもあり、自然の循環の保持する資本の利息で、我々が農林業や漁業、狩猟を行い、生活しているということでもある。

循環原理は、永続するプロセスすべての基盤である。循環するシステムの中に物質を組み込むことができなければ、プロセスはその長期持続性を失い、停止するよりほかにない。

13 地球上では、高等生物にとっての有害物質を無毒化する活動が行われてきたわけであるが、その活動は、何も〝乱雑になった〟物質を自分の構成素材に使用する植物の働きだけによって担われているのではない。鉛、水銀、カドミウムといった重金属のような有害物質が、動植物の細胞によって非常にゆっくりと無害化される、もう一つのプロセスも存在するのだ。つまり、動植物の体の構成素材としては使えない有毒な重金属が、細胞によって受動的に取り込まれて保管され、化石化のプロセスである沈殿・堆積を通じて、大気から、そして自然界から姿を消し、そうして石油や石炭などの鉱物資源の鉱床が形成されたのである。鉱物が限られた貯蔵場所に集積されたのであるから、秩序のさらなる増大がこのプロセスによってもたらされたと言えよう。

14 物質とエネルギーの劣化は、いかなるプロセスでも生じる。

生命が暮らしを営む生物圏――それは地球を覆う薄い層であるが、そこには乱雑な物質の再構成を行うあらゆるプロセスが最終的に依って立つところのプロセスが存在する。それは、植物の光合成である。実は光合成こそが、秩序と乱雑さの関係を生物圏において逆転させている生産装置なのであった。このことから、我々の生存と将来の繁栄に必要な基本条件を次のように定式化することができる——人類のゴミを処理する生態系の処理スピードが追いつかず、植物がエネルギーを内蔵した自らの組織を再構成する余裕が失われるならば、我々の活動をもってしては、いかなる価値の増大も本来実現することはできない。

（エネルギーシステムの物理についてさらに知りたい読者は、この付録の最後に収録した補遺「熱力学」を参照されたい。）

## 我々の行為——そのどこが間違っているのか？

15 この数百年の間に、人類は新しいタイプのエネルギー源を使うことを学んだ。中でもその最たるものは、化石燃料と原子力である。エネルギー消費の増加は、物質を劣化させる社会の活動のさらなる増大を招き、それが今や回り回って生物圏のまん中での乱雑さの増大を引き起こしているのである。

秩序をもたらし、万物をつくり上げるプロセスが何十億年とつづいた後、現在では乱雑さが再び増大に転じ、我々は有毒な大気の世界へと逆戻りする時間の旅の途上にあると言えよう。そのありさまは、主として以下の通りである。

❶石炭、石油、天然ガス、リン酸塩、金属といった限りある原材料物質が、我々が〃生産〃と呼ぶところのプロセスで使われてゆく。原材料物質の取り扱いに際しては、生産活動によって生じた副産物（分子ゴミや、目に見える形のゴミ）が生産過程に再度取り込まれるような配慮はほとんどされていないため、その代わりの結果として、それらの副産物は自然界へ、すなわち土壌、地下水、海洋、大気、そして生物の体内へとたどり着くこととなる。

❷我々は、動植物の細胞がこれまで数十億年の間、一度も出会ったことがなく、したがって共存することのできない、言い換えれば、分解も自然の循環への組み込みも不可能な新種の安定した化学物質を生産し、放出しているため、そのような化学物質の量は、自然界で急速に増えている。さまざまな有機塩素化合物や、ＤＤＴ、ＰＣＢ、ある種のダイオキシン、フロンなどの物質がその例である。しかも、現在の我々に検出・測定可能な既知の安定物質が、氷山の一角にすぎないことはほぼ疑い得ない。

❸我々は石油・石炭の燃焼や鉱物資源の採掘により、鉛、カドミウム、水銀といった有毒な重金属をも放出している（鉱物資源の形成については、項目13を参照のこと）。その上、原子力発電所においては、二〇〇万年近くも前に自然界から姿を消したプルトニウムのような非常に有害な放射性物質が生みだされている。社会から自然界への重金属の漏出が常時つづいていることと、それらの重金属が決して分解することなく、じわじわと蓄積する一方の元素であることから、自然界では有害な金属物質の濃縮が進行する結果となる。

たとえばバルト海の海底では、堆積物中のカドミウムの濃度が、すでに本来の自然環境におけるものの一〇倍に達しているのである。

❹自然界の〝資本〟、すなわち光合成を通じて再生（項目12参照）される手持ち在庫は疲弊させられ、廃棄物や農薬によって傷つけられて、地球規模で見ればその引きだし可能限度は、すでにピークを過ぎて今や縮小に向かっている。今日のスウェーデンにおいてさえ、農林業と漁業に関しては、生産力と質の不安定に見舞われているのだ。

❺人類は、自分たちより先に地球に出現して、自分たちのために自然界を無毒化してくれた生態系を荒廃させている。何千という生物種が毎年地球上から消し去られ、樹木や植物は、地球全体から見ても再生可能な範囲を超えて切り倒されてゆく。砂漠そのほかの植生の乏しい地域は、拡大の一途である。

項目15の❶から❹の通り、我々は資源（その一部は金属や石炭、石油、天然ガス、我々の体に必須のリン酸塩のように、有限のものである）を取り込む一方で、生産・消費の後には、資源を分子ゴミや目に見えるゴミとして、二度と取り戻せないような形態でどこかへと（フィルターを通して、あるいは直接自然界へ）放出してしまっている。このような資源利用のあり方を、〝直線的資源利用〟という。長期にわたる直線的資源利用の結果、物質の劣化は項目15の❺とも相まってさらに進む。しかしながら、人類が地球上に現れてからの期間もすべて含んだこの何十億年（ただし、最近の数百年を除く）というもの、支配的だった資源利用の形態はつねに循環的なものであった。この循環的資源利用とは、すなわち、自然の物質循環や我々以前の人間社会におけるような循環システムの中で、物質が資源へと再生される形態をいう。

たとえば一九世紀末から二〇世紀初頭にかけてのスウェーデンにおいては、依然として循環的農業システムが機能し、各家庭で完璧なゴミの発生源別の分別が行われていたのである（本書「第5章　単純化を排したシンプル主義」に、直線的資源利用と循環的資源利用についての記述がある。同じく第5章に掲載した、これら二つの資源利用形態の対照図は、当文書から取られたものである）。

## 我々のなすべきこと

16 物理学と生物学の基本法則から、物質とエネルギーの劣化を引き起こす今日の社会の活動は、我々の生存や継続的繁栄とは長期的に両立し得ない。したがって、それら人類共通の根本利害を損なわないような生産・エネルギーシステムならびに消費形態を確立する必要があろう。

17 右のことが実際に意味するところは、次の通りである。

❶我々は、持続可能性に欠けた生産・消費形態を放棄するよう導き、持続可能性のワク内での生産は許容するような新しい方法論の発展を支える、一般的倫理規範を導入すべきである。

❷我々は、原材料物資とエネルギーの消費量が低減される、より洗練された生産方法を開発しなければならない。現在、エネルギーは漏れ（建物内部の熱が外に漏れるのは、その一例）や摩擦（機械や乗り物などで）による損失を補うために、ますます多量に使われるようになってきている。これに加えて綿密な計画の欠如が、必要のない長距離輸送や、大量の物

資の使用といった結果を招き、それによって、ゴミの量は増大することとなる。

❸その一例として、今日食卓にのぼる食料を得るのに、食料自体のもつエネルギーの一〇倍のエネルギーが消費されている事実を挙げることができよう。これは、この数十年でエネルギー効率が一〇倍悪化したことを意味する。さらに、食糧生産による生態系への悪影響を是正するための環境浄化対策などの措置が、出費の増加にもつながる。

❹物資はより高度に利用されること、また、あるプロセスから排出される廃棄物が同じ、あるいは別のプロセスの原材料となるよう、廃棄物は循環システムの中に組み込まれることが必要である。

❺それにもかかわらず、社会から自然界に漏出してしまう物質は、循環システム内において、植物および生態系が処理可能なものであること。有機塩素化合物のような安定した物質が自然界に漏れでることは、絶対にあってはならない。

❻我々は、植物や生態系を荒廃させる行為をやめなければならない。

❼我々は、エネルギー源を持続可能なものへと転換するべきである。それはすなわち、限りある資源が回収不能な分子ゴミの形で生物圏にばらまかれて使われてしまうことの上に成り立っている、従来のエネルギー源とは異なるものである。地球的視野から見れば、太陽からの永続的なエネルギー流入に立脚した、ソーラー、風力、水力、バイオマスなどのエネルギーがそれに該当する。

## 我々の目標「エコロジー的持続可能性」を、いかに定義すべきか？

18 項目17に従った取り組みが成功するならば、その成果は、①有毒な重金属や放射性元素、有機塩素化合物、フロン、二酸化炭素といった、さまざまな分子ゴミの増加がストップし、②農地や森林、海洋資源のような自然の資本がこれ以上危機にさらされることもなくなり、③限りある地下資源の消費量も目立って低下する、という形で測ることができよう。これで我々は、「エコロジー的持続可能性」の概念の定義に近づいたわけである。エコロジー的持続可能性の確立は、何よりも我々に、よりよい繁栄（物質的、また社会・文化的にも）と健康をもたらしてくれることであろう。

19 右に述べた変化を実現するための方策それ自体は、決して目標とはなり得ない。あくまで目標は、我々の廃棄物が自然界にこれ以上増えないこと、生態系についてはその質と規模の維持のみならず、質の向上、規模拡大さえ可能なこと、という点にある。ゆえに「エコロジー的持続可能性」（項目18）とは、政治の面で現実的に何が可能か、現時点で何が最良の技術か、ということから定義されるものではなく、我々自身と後の世代の健康と繁栄のため、自然科学的観点から見て何が不可欠なのか、というところに従って定義されるものである。

## 問題解決の緊急性

20 我々が物資とエネルギーを利用することにより生じた自然界のダメージが、実際に見える形で我々に襲いかかり、環境被害が顕在化するまでには、かなりの時間の経過を要する傾向がある。この環境被害の遅延発生傾向の原因としては、有害物質の自然界での移動の遅さや、ガンのような病気の進行の緩慢さ、次々に排出される環境に有害な各種の長寿命物質による相乗作用などが挙げられる。

21 生態系は複雑なものであって、その様相は生物種同士の相互依存の関係と、物理的環境世界の中での長大な因果の連鎖として記述できる。これはつまり、環境の側の特定のダメージ（たとえばオゾン層の希薄化や、アザラシ類に発生した障害など）と特定の化合物（フロンあるいは有機塩素系の物質等）との間の関連について、後から厳密な説明をつけるのが非常に難しいということを意味する。環境に現れるダメージの予測は元来容易でない上に、遠い将来に関するものは大変困難かつ危険すぎて、いかなる意味でも指針とはなり得ない。安全性テストの行われた実験システム内で毒性を示さなかったことが、フロンの無害性の証拠とされたことはこの一例である。

22 環境被害の遅延発生傾向、人口増加、我々の予測能力の欠如に加えて、すでに身の周りで確認されている環境のダメージも数あることから、項目15に挙げた持続可能性に欠ける行為に対しては、適切な対策が可能な限り速やかに実行されるべきである。

## モラル面の考察

23 スウェーデン社会の生産ならびに生活のスタイルが示す直線的資源利用の度合いは、資源の浪費ぶりでも、ゴミ（分子ゴミであれ、目に見えるものであれ）の排出の面でも、国民一人当たりに換算すれば世界で最悪の部類に属するものであって、工業化の進んだほかの国々とともに我々は、それ以外の国に比べてはるかに多くの限りある物資を使用し、何倍もの重金属や有機塩素化合物のような残留性の物質を自然界に放出している。この比較は、東欧諸国のような国々との間でも成り立つ。東欧諸国で比較的大きな地域的問題が発生しているといっても、生産様式やライフスタイルは、実のところ我々のものと相違なかったのであって、非民主的な体制が政治面での原因であり、そのほかにも多くの要因が影響しているのである。たとえば、人口密度の違いであるとか、地球規模の問題につながる物質も排出されているものの、特定の排出物質が地域的問題を引き起こして目立ってしまっている場合、あるいは有害物質の排出を予防し、問題を将来に先送りするフィルターのような装置を使っていないこと等々（しかし我々は、フィルターに集めた物質をどうしようというのであろうか？）。

24 土壌、地下水、海洋、そして大気中で、我々の生産・消費様式に由来するあらゆる廃棄物質の濃度が上昇しているという問題は、スウェーデン全国にとどまらず、地球全体におよぶものであることから、国内での対策強化に加えて国際合意の実現に向けての協力も必要である。

25 現在、世界中のすべての国々が持続不可能な形で存在している。すなわち、廃棄物質の増加に関与しているか、あるいは生態系を荒廃させ、再生が追いつかないようなピッチで樹木を切り倒しているか、はたまたその両方か、というように。今日、どこの国においても、持続可能な生産・消費様式を早急に確立する必要性はきわめて高く、そのことは自然界での廃棄物質の増加が止まるまで、ますます明白となってこよう。

26 持続可能な生産・消費様式を確立できる前提条件を備えている国には、それを実際に行うとくに大きな責任がある。スウェーデンは、ドイツ、アメリカ、カナダ、日本といったごく少数の国々と同様、知識集約型で技術の進んだ国家である。これ以外の国に比べて、一人当たりでずっと多くの資源を使い、ずっと多くの廃棄物質をまき散らしていることを考えると、これらの国々にかかっている責任の大きさのほどはさらに明らかである。我々が自分たちのこうした責任を引き受け、他国に手本を示した通りに生きてゆくならば、他国が我々の影響を受けて、その行いが正しい方向へと向かう可能性も高まるであろう。

## 戦略面の考察

27 我々の生産システムならびに消費パターンが、非常に非効率的かつ非循環的で資源浪費型のものであることから、現在利用しているエネルギーシステムがたとえ完全にクリーンでその上タダで使えるものであったとしても、長い目で見ればそれは何の助けにもならないと考えられる。何の変革も行われない限り、我々が毒され、貧しくなってゆく過程はまだまだつづくのだ。その上、使用されているエネルギーシステムの大部分が長期的持続可能性を欠いている。原子力も化石燃料も、持続的利用が可能であるための条件を一つとして満たしてはいない。なぜなら、これらのエネルギーシステムは、燃料となる資源を回収不可能な形で分子ゴミへと変えることの上に成り立っているからである。

28 核融合エネルギーは、本当に長期的な観点からすれば将来有望なエネルギー源であると論じられているが、前項に従って考えるならば、それがその通りとなるには以下の条件が満たされるかどうかにかかっている。

❶核融合エネルギーの制御や管理を行うにあたっての技術的・経済的問題が、人類と生態系に対するリスクを残さずに解決されること。

❷我々の生産・消費様式の技術的・文化的欠点が解消され、エネルギーが生態系にとって持続可能な形で使用されるようになること。

❸前記❶および❷が満たされたとして、持続的利用が可能な太陽エネルギー立脚型のエネルギー源をもってしても、エネルギー需要を経済的に満たせない状況がその上に存在すること。

これまでのところ、太陽関連のエネルギー源開発の努力は、核融合技術の場合と同等のレベルで行われてきたとは言い難い。我々が行う地上の核融合とは違って、太陽という融合炉を用いるため、炉の問題はすでに解決されているというのにである。

29 将来のエネルギー利用は、持続的利用が可能か、あるいはそのようなものに発展させることができるエネルギー源に完全に立脚するのでなくてはならない。それに該当するものとしては、太陽光、水力、風力、バイオマスなどのエネルギーが挙げられよう。これらを利用する技術とは、言ってみれば、直接あるいは間接に太陽エネルギーの流れを利用する技術である。そうして得られたエネルギーは、持続可能な生産・消費システムの中で使用されることが必要である。

30 項目27から29の内容については妥協の余地がないため、政治面での問題はただ単に、どういった変革をどのようなスピードで行うかという点だけである。

31 再生不能エネルギーの利用と直線的資源利用をすみやかに中止すべきか？　ゆるやかに中止すべきか？　以下に掲げる理由からは、そのすみやかな中止が要請される。

❶損害の遅延発生傾向。これは、我々が危険な行いを止めたとしても、さまざまな損害の多くがその後の長い年月のうちに増大することを意味する。

❷人口の増加。

❸我々の予見能力の欠如と、すでに身の周りで確認されているダメージの数々。

❹循環的資源利用システムと、持続的利用が可能なエネルギー技術が、全世界で強く必要とされている現状。

32 一方、ゆるやかな中止が支持される理由は次の通りである。

現在の直線的資源利用に立脚した生産機器類は、貧困をつくりだすものとはいえ、短期的には大きな価値を有するものである。現在、こうした機器類は、そのほとんどが原子力で発電された電気や化石燃料を動力としている。そして、原子力発電の設備や化石燃料燃焼装置、およびそれらに付随するインフラストラクチャーもまた、短期の経済的価値を有するものである。これらの設備・機器類を、すべて通常の寿命を迎える前に使用中止にすることは、短期的には多大なコストをともなう。

33 要するに原子力と化石燃料の使用中止は、項目31に従えば早急に行うべきであるが、項目32からすると、新しいエネルギー・生産システムの国際的発展にスウェーデンが必要な経済力を維持しながら貢献するのを待つべきであって、それより早くてはいけないという結論になる。したがって、使用中止の望ましいスピードを決定づけるのは、我々のエネルギーの使い方である。持続的利用が不可能なエネルギー源の即時使用中止を見合わせることで、一時的に浮いた資金は持続可能性を備えたエネルギー・生産システムの開発に回すことが必要である。

このことはさらに、持続可能性を備えたエネルギー・生産システムの開発が、すでに今の段階においても経済的にうまみのあるものとなるよう、政治の側からの後押しが必要とされるということを意味する。環境問題に精力的に取り組んでいる科学者や企業人の間では、持続可能な技術の実験室や試験装置の段階での開発を終えている例も多いことから、その後の展開は、各種の奨励・促進策を援用し、それらの新技術が市場に進出できる余地を設けてやれるかどうかにかかってこよう。

34 項目33に従って持続可能なシステムへの移行に努める間も、我々がよって立つところの資源、すなわちエネルギーや原材料物資の節減は可能な限り行わなければならない。資源の不必要な利用・消費にうまく歯止めをかけることができれば、それだけ持続可能なシステム実現の可能性も高まるのだ。

35 項目33と34のもつ意味は、新時代の持続可能性志向の産業を、個人の物質消費の増加を抑制してでも、優先的に発展させなければならないということである。そしてその成否は、今度は国民の意識を動員できるか否かにひとえにかかっているのである。これには非常な困難が予想される。そこでカギとなるのは、我々がどれだけ知識を増やし、いかに自分たちの将来や後の世代に対する顧慮を深め、立法と経済面そのほかでの奨励・促進策の組み合わせにより、新時代の産業の適切な発展が短期的にも推進される可能性をどこまで増大させることができるか、という点である。

36 ここまで述べてきたような生産・消費様式と環境破壊との間の関係は、我々の感覚で即座にそれと分かるような種類のものではない。ゆえに政治家、企業経営者、オピニオンリーダー、教育者、そして科学者には、国民の意識を動員するという非常に重大な責任がある。また、日々の仕事を通じてこの問題と向き合う、農業や漁業のような産業の従事者の責務も重要である。したがって大切なのは、まず知識の普及であり、そして、人類の存亡がかかったこの問題に関してもう一ついうならば、それは政治の分野における多面的なコンセンサスの形成である。

## 結語

循環的で資源保全型の社会システムの発展が、我々の今後の健康と繁栄の土台であることは疑いの余地がない。より効率的な生産技術の導入することができれば、それだけエネルギーの必要量も少なくてすみ、またリサイクルを要する廃棄物質の量が減ることから、機能的循環システムの構築も容易になるであろう。社会で生みだされ、自然界に漏れでる物質の量は、生態系が自然の循環システムに取り込める容量を超えてはならないし、自然界の処理できない物質が社会から自然界に漏れでることも、決してあってはならない。このような社会システムの構築が成功したか否かは、廃棄物質の増加が止まったかどうかで判断できるはずである。

現在の我々は、不必要に多量の物資を生産活動に投入し、さらに多量のエネルギーを、輸送や生産・消費、生活の過程で生じる漏出（ろうしゅつ）ならびに機械的摩擦、物質の劣化などを補うため不必要に使用している。また、生産・消費の後には、我々は廃棄物質をどこかへ（フィルターを通して、あるいは直接自然界へ）と回収不能な形で放出している。これは資源利用のあり方が、資源を保全する循環的な、そして今後の我々の健康と両立するものではなく、直線的で資源浪費的、しかも有毒物質拡散型のものであるということを意味する。このような直線的な物質の流れは自然の法則から見ても持続可能性を欠いているため、維持しつづけることさえ不可能である。

物理の法則により、資源物質が消えてなくなることはないものの、その物理的、経済的入手可能性は減少してゆく。たとえば石油や金属類、そして、我々の体に必須のミネラルの一つであるリン酸塩などの場合がこれに当たる。

それと同時に、人類の健康と安全に関する基本的な要求を満足しようとするなら越えてはならない、自然界のもつ未知の廃棄物質負担限界に近づくことによる危険も増大しつづけている（食品や地下水への化学物質の混入、温室効果による温暖化、酸性雨、オゾン層破壊などはその例である）。ゆえに、直線的資源利用では、経済的に以下の面でコストが発生する。

●生産活動の元手となる限りある資源の経済的入手可能性が、浪費と過剰開発により減少する。

●一方、生産と消費の後にも環境浄化や医療そのほか、自然を傷つけたことによるコストが我々にのしかかってくる。

●未来の技術に投資する代わりに持続可能性に欠けた技術に投資することで、結局将来の経済的ポテンシャル［潜在力］まで失われることとなる。また、生態系や我々の社会、文化、精神面に対する影響も計り知れない。

●直線的資源利用のコストはすでに膨大なものになってきており、もはやその支払いを先延ばしにすることはできない。ますます深い所を掘り返さなければならない鉱石や石油の採掘は、エネルギー面から見てもすでにコスト高となりつつあるし、鉱山の採掘残土やスラグ（金属精練時に出るカス）の山から重金属が地下水系に漏れでないよう遮断処理するのにも、何十億クローネという費用を要することになるであろう。清浄な水を充分な量だけ手に入れるには、いずれ何百、何千億クローネというコストが必要となるのだ。

我々はもう今の段階でも、河川水と地下水の汚染により使用料金の高騰する公共水道システムを使うことを強いられているし、海産物の量と質の低下をもたらす富栄養化物質や有機塩素化合物、農薬などの排出物質が原因で海に生じたダメージの莫大なコストも我々にのしかかっている。

そのほかの例としては、藻の異常発生による観光産業への打撃や、医療費の増大による損失がある。たとえば、スウェーデンのぜんそく治療費の増加には、都市環境の窒素酸化物が多少なりとも影響していると考えられる。同様にして、あらゆるガンの中でも最悪のものの一つ、悪性黒腫の治療費がオーストラリアで増加しているのは、フロンのオゾン層破壊効果によるものである可能性が強い。結局、我々が社会に取り入れた膨大な量の重金属や自然界にとって未知の化合物（しかもそれらのうち自然界に流れでたのは、まだごく一部にすぎない）が、後の世代に対して非常に重い経済的負担を与えることになるのである。

これまで例を挙げてきたような、直線的資源利用の結果としての経済への影響には、エネルギーシステムそのものではなく、その外部に存する、つまりエネルギーが使われる対象の側から生じるものもあり、それによるコストは、エネルギーが完全にクリーンでその上タダであったとしても発生する。

ところが今日、とくにマスメディアで見られるようなエネルギー論議では、たいてい次のようなことが問題とされている。

「原子力エネルギーを使い、貧困を招き、有害物質をまき散らす生産・消費様式は、化石燃料を使うものに比べて危険で高くつくものなのか?」

こうした問題設定の仕方は、エネルギーが何に使われているのかを計算に入れていない、ほとんどアカデミックと言ってもいいような興味にもとづいたものであって、たとえば原発廃止のコストを問う一方で、原発を利用する社会の活動が内に含む、貧困化を助長するような要素については考えようとしないのであるから、これは奇妙である。

それに加えて、持続可能性に欠けたエネルギーシステムの使用それ自体が生じさせるものにも注目しなければならない。それはつまり化石燃料の場合で言えば、その燃焼がもたらす有害な作用のコストである。そこに含まれるのは、増大する燃料採掘コスト、森林にとくに被害をおよぼす酸性雨（硫黄酸化物と窒素酸化物）と、その結果としての地下水への金属物質溶出ならびに土壌中の栄養物質減少のコスト、将来の世代が生産活動に使えたはずの石油を使ってしまうことによるコスト、未来の技術を開発する代わりに持続可能性に欠けたエネルギーシステムの開発に資源を投じてしまうことによる投資余力減少のコスト、膨れ上がる環境破壊効果究明コスト、そして、人類がこれらの問題で不安にさいなまれることによるコストである。

また、原子力の場合のそれは、増大する燃料採掘コスト、とくに燃料採掘に起因する食物連鎖中への放射性物質拡散のコスト、（規模の大小はどうであれ）原発事故のコスト、原発の運転と核拡散防止に必要な安全対策のコスト、使用済み核燃料保管のコスト、そして後は化石燃料の場合と同じく、未来の技術を開発する代わりに持続可能性に欠けたエネルギーシステムの開発に資源を投じてしまうことによる投資余力減少のコスト、膨れ上がる環境破壊効果究明コスト、ならびに人類がこれらの問題で不安にさいなまれることによるコストである。

自然科学的見地からすれば、原子力か化石燃料のいずれか一方を、ある特定の時点をもって使用中止にすべきだ、というような主張をすることはできない。しかしながら、同じ見地から次のようなことを言うことはできる。

「エコロジー的に持続可能なエネルギーシステムならびに生産・消費様式は無条件に必要であり、その目標に向かっての発展の歩みは可能な限り速いものでなければならない。我々が取り組みを先延ばしにすればするほど、その道程は苦痛に満ちたものとなろう」

# 熱力学（補遺）

（この部分カール＝エーリク・エーリクソン〔シャルメシュ工科大学資源物理研究〕による）

1 統計学は、集団の性質の数学的記述を取り扱う。集団が大きくなればなるほど、各データの平均値からの偏りは小さくなる（これを大数の法則という）。

物質には通常、大量の粒子が含まれている。ありふれた物質の一ピコグラム（＝一兆分の一グラム）というわずかな量の中にさえ、非常に多くの粒子（原子または分子）が含まれているため、それらの粒子に関しての平均値からの偏差は、一〇〇〇分の一パーセントという単位で算出しなければならないほどである。現代の熱力学は、その性質が既知、かつ、あるいは測定可能な粒子の集団についての統計学の上に成り立つ。

熱力学の基本は、その主要法則にある。それらを表現するには、エネルギーとエントロピーの概念が必要となる。

ここでエネルギーのさまざまな形態と質についても、手短に議論しておく必要があろう。我々はまた、よく知られた概念である温度と、さらにエクセルギーについても定義を行う。エクセルギーの概念は包括的であって、資源の尺度として有用なものである。

2 多様な形態をもつエネルギーの中でもまず最初に挙げられるのは、物体の運動の尺度、あるいはそうした運動を行う潜在的な能力の尺度である。ゆえにこのエネルギーは、運動エネルギーと位置エネルギーのどちらでもあり得る。滝の上のダムに蓄えられた水は、位置エネルギーを有する。この場合、その位置エネルギーは、重力の影響下で運動エネルギーへと転化することとなる。

こうした物体の運動（たとえば水の落下）にともなう運動エネルギーと、位置にともなう位置エネルギーを力学的エネルギーと呼ぶ。

その次に挙げられるのは電気エネルギーと化学エネルギーであるが、電気エネルギーは、電磁場内で静止あるいは運動中の帯電した粒子がもつエネルギーであり、化学エネルギーは、化学反応に際して、反応する原子同士が相互の電場の中に〝落ちる〟ときの位置エネルギーである。石油に含まれる炭素と水素が燃焼時に酸素と結合すれば、その化学エネルギーは熱となる。

また、電磁波の放射にもエネルギーがともない、これを放射エネルギーという。電磁放射のエネルギー量子（＝光子あるいはフォトン）一個当たりのエネルギーは、短波長の電磁波のほうが長波長のものより大きい。

**3** 空間は三つの次元から成っていることから、自由な粒子は三つの方向（前／後、上／下、左／右）に動くことができる。これを「自由度が三である」という。よって空間内における粒子一個の運動は、三の自由度で特定される。空間内を互いに無関係に運動する一〇〇個の粒子には、三〇〇の自由度があることになる。

ある固体、たとえば金づちのようなものに含まれる粒子は、それぞれが互いに固く結合しており、無関係に動き回ることはできない。それゆえ金づちは、空間内に占める（重心の）位置に関して三つ、運動の向きに関して三つの、合計六の自由度しかもっていない。車のエンジンのピストンとなると、その運動はさらに制限されていて、シリンダーの長さ方向にわずか一の自由度を有するにすぎない。

（この記述は、力学的運動、つまり金づちやシリンダーの微小な各部分の全部が一体となった動きについてのものである。これらの物体に熱があれば、それは物体の微小粒子のそれぞれが各自の定位置、許されたスペース内において、各自の振動数で振動している、ということにほかならない。）

**4** ある系のエントロピーとは、その系のエネルギー（項目2参照）が放散される自由度の尺度である。ゆえに力学的エネルギーのエントロピーはゼロ（物体の粒子の数の膨大さに比べれば、無視できるほど小さな自由度のため）である一方で、熱のエントロピーは大となる。

エントロピーは、乱雑さの尺度でもある。エネルギーの拡散した状態にある系は、エネルギーが自由度の低い状態で集積されている系よりも乱雑である。よって温度が高いということは、低い場合と比較して秩序正しさが大であり、エントロピーが小であるということを意味する。

自由度の高いエネルギーが拡散する仕方は、同じエネルギーが自由度の低い状態に凝縮される仕方に比べてずっと多く、したがって、エントロピーの大きい状態のほうが、小さい状態よりもはるかに起こりやすい。

これらのことから、ある系のある状態におけるエントロピーとは、問題となっている状態がどれだけ簡単に実現できるか、その容易さを示す尺度であるとも言えよう。秩序正しい系よりは、乱雑な系をつくりだすことのほうが容易である。たとえば、部屋の中にある物が偶然の位置の変化を重ねた場合、その結果として部屋が乱雑になる確率のほうが、それぞれの物が正しい位置に収まって部屋がきれいになる確率よりはるかに大きい。これは熱力学の第二法則（後述の項目7を参照）の背景にある、日常の経験の一端である。

温度とは、（エネルギーが、与えられた自由度の範囲内で自然に拡散している）系の一自由度当たりのエネルギーを示す尺度である。よって、系の温度が高ければ高いほど、熱運動[3]は激しい。

**5** 熱力学の第一法則（エネルギー保存則とも呼ばれる）。

「エネルギーは、つくりだすことも消し去ることもできない」

しかしながら、エネルギーの移動や、異なったエネルギー形態相互の間の転換は可能である。その場合、各プロセスにおけるエネルギーの出入りは等しい。ゆえにエネルギーの収支計算を行うことができる。

**6** 熱力学の第一法則に関連して、「物質は、つくりだすことも消し去ることもできない」という物質不滅の法則を思い出された方も多いであろう。原子核を構成する粒子である核子（陽子と中性子）は、つくることも破壊することもできないというのが物質不滅の法則の意味するところである。ただし核反応に際しては、反応する原子同士の間で核子の入れ替わり（＝双方の元素の変化）が起こる。また物質は、平均すれば電気的に中性である。これはすなわち、陽子と同数の電子が物質に含まれているということにほかならない。この電子もまた、破壊することは不可能である。

しかし、元素の変化が生じる核反応と放射性物質の崩壊については、実用上ほとんどの場合、無視して考えてよい。とすると、各元素は不変のものである。

よって、物質の収支計算に加えて、たいていのケースでは元素の収支計算も行うことができる。

**7** 熱力学の第二法則は、「閉じた系の中では、エントロピーは増加する」というものである。原

（3）熱による原子や分子の振動。

図－7　物理学的収支計算の例（石油ボイラーの燃焼の場合）

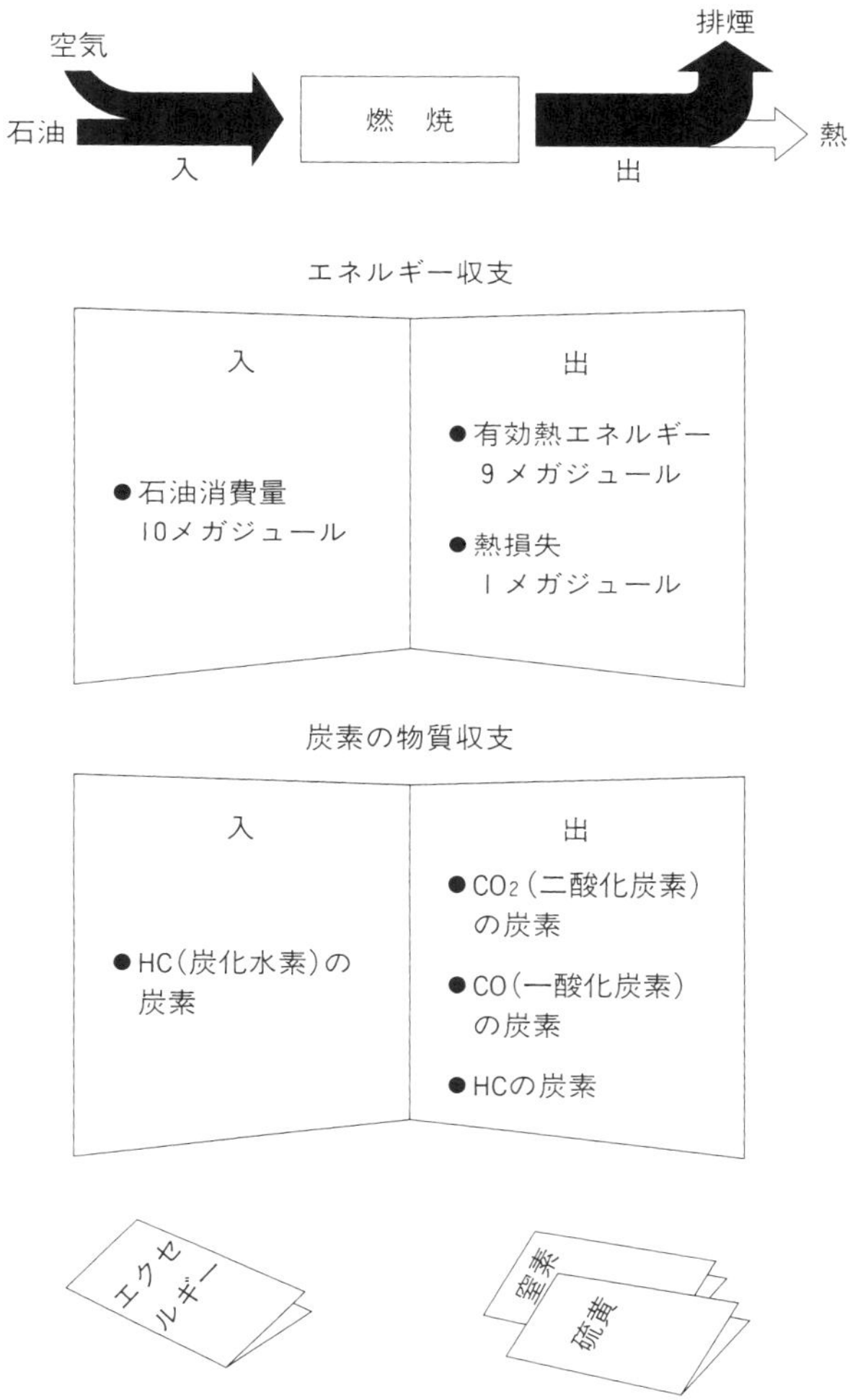

子や分子のレベルで当然避けられない偶然の変化により、系の状態はより出現しやすいほうへ、言い換えれば、エントロピーの高い状態へと移行してゆく。つまり、乱雑さが増加するのである。

ある場所に秩序がもたらされ、またある系の中にエネルギーが集められたとき、乱雑さもエントロピーも、そこを見る限りでは減少する。しかしこれは、秩序を与えられる系が孤立していない場合にのみ可能なことである。秩序を与えられた系には外部から仕事が行われ、乱雑さがどこかほかの所で増大し、結局エントロピーの総合計は増加しているはずである。

本文にあった掃除の例に戻ろう。散らかった部屋を掃除する私は、そこで仕事を行っていることになる。それが可能なのは、私が食べた食料を吸い込んだ酸素で燃焼させ、二酸化炭素と水に変えて吐きだしているためである。食料も酸素も、かなり上質のエネルギーである化学エネルギーを豊富に含むが、水や二酸化炭素はエネルギーに乏しく、その差のエネルギーが比較的乱雑なエネルギーである熱へと変わる。私が掃除したことで部屋のエントロピーは減少したわけであるが、私の体の細胞の中では掃除をやりとげるのに不可欠の現象としてエントロピーの増加が起きており、それは部屋のエントロピーの減少分をゆうに上回るものである。

我々が日常生活や工業プロセスで活用しているのは、こうした〝てこの原理〟のような仕組みだったのだ。それは何も、清掃・美化に限ったことではない。たとえば加工産業などでも事情は同じである。溶鉱炉では、鉄鉱石中で鉄と結びついていた酸素が炭素に置き換えられることにより、鉄鉱石から鉄が取りだされる。こうして取りだされた鉄のエントロピーは、鉄鉱石中に存在していたときに比べて減少しているが、それと引き換えに炭素のエントロピーが一酸化炭素と二酸化炭素の発生する過程で増加する。と同時に熱も放出され、全体的に見ればエントロピーは増加しているのである。これと同様の例は、ほかの工業部門からも引くことができよう。

自然界の物質循環の中でも、同じ〝てこの原理〟が使用されている。これは、水（蒸発、降水、河川や海洋による水の循環）にも（炭素の循環に含まれる）植物にも当てはまることである。光合成の過程では、二酸化炭素と水からバイオマス（炭水化物）が合成され、酸素が放出される。光合成のエネルギー源は太陽光線の光子であり、その一部は熱に変わって、後には地球を取り巻く冷たい宇宙空間へと発散される。

**8** エネルギーは濃縮されているか、拡散しているかによって、エントロピーが低くも高くもなることから、エネルギーにも質の違いが存在し得る。したがって、このような性質があるエネルギーは、資源の尺度として優れているとは言えないのであり、そこにエネルギーの質も計算に入れられているのでなくてはならない。

熱力学の第一・第二法則の両方を考慮に入れて、これを実現する方法が一つある。熱力学の先駆者によって、約一〇〇年前にはすでに知られていた方法であるが、エネルギーUをその質qで重みづけし、エクセルギー（英語：**exergy**、独語：**Exergie**）と呼ばれる数値Eを得るのである。

E＝U・q

系が周囲の環境と平衡状態にあるときのqを、q＝0ととって基準とする。よってエクセルギーは、周囲環境との平衡状態からの偏差、すなわちコントラストの意味を有する。qの値は、力学的エネルギーおよび電気エネルギーで1、ソーラーエネルギーで0.95、熱エネルギーが高温のもので約0.5、室温程度なら0.1である。電動ヒートポンプは、質の高い電気エネルギーを何倍もの低質の熱エネルギーへと〝変換〟している（その際、外部からエネルギーが〝ポンピング＝注入〟

されている）わけである。

エネルギーが消滅することはあり得ないものの、その質はエントロピーが増加するに従って低下する。qが減少すれば、Eもまた減少する。ゆえに、エクセルギーは何かしら価値のあるもの、留意しておくべきものなのだ。

9 それではあるプロセスにおいて、エントロピーは必然的にどれだけ増加するのか、言い換えれば、エクセルギーがどれだけ必ず失われるものなのかという点について、熱力学の第二法則を補足する法則は何もない。

これはつまり、より効率的な技術の可能性が、物理学的には排除できないということを意味している。より効率的な技術とは、すなわち従来のものに比べてエントロピーの増加が少ない、したがってエクセルギーの損失が少ない技術のことである。

10 エクセルギーは、物質的な資源の尺度としても有用なものである。ある物質を標準的環境から取りだすのに、理想的なプロセスにおいてどれだけのエネルギーが必要となるのかを、エクセルギーを用いて表すことができる。

このようにすれば、鉱石塊や森林のような、自然界によってすでに秩序づけられている資源をも評価することが可能となるし、加工産業などの技術的メソッド［方法］を、相互の間で、そして、熱力学の理想的メソッドとの間で比較することもできるようになるのである。

11 したがってエクセルギーは、資源の一つの尺度として重要なものであるが、純粋に熱力学的概念であるため、熱力学的な局面においてしか用いることができない。ある製造工程でつくられる物質や、あるいはもっと重要な例として、生物の器官においてつくられる物質の構造を記述するためには、さらに複雑な概念が必要となる。そこで用いられるのが、〝情報〟という概念であって、これはエクセルギーと同様、周囲からの偏差（白地の中の黒点）を表現するものである。エクセルギーと情報の両者は、相互に密接な関連をもつ概念でもあるのだ。

**12** 産業プロセスなどのさまざまなプロセスの効率性を判定するためには、エントロピーやエクセルギーの計算が重要である。また、社会と自然との間の物質とエネルギーのやり取りを監視するためには、物質、エネルギーそれぞれの収支バランスの計算が重要となる。これは、社会の側からの〝過剰引きだし〟と環境破壊を避けるためにも、非常に大切なことである。

そして、これらは互いに結びついている。というのも、プロセスが効率に優れているということは、物質とエネルギーの出入りが少なくてすむということを意味するからだ。

目指されるべきは、社会における物質およびエネルギーの流れと自然の循環との調和である。それも持続可能な形態で。

このエネルギー問題に関する文書は、一九九〇年にナチュラル・ステップ顧問団の統一意見にもとづき作成された。編集担当メンバーは以下の通り。

シェル・エングストレーム／カール＝エーリク・エーリクソン／ベングト・ヒューベンディック／カール＝ヘンリク・ロベール／ニルス・ティーベリ／ビヨルン・ヴァルグレン／アンデシュ・ヴィクマン

文中の見解は、ナチュラル・ステップの学者組織とナチュラル・ステップ顧問団の自然科学者によって示されたものを採用し、盛り込んだ。その際示された見解は、すべてもれなく内容に反映されている。

# 付録3　自然科学的見地から見た金属汚染問題

## 概説

1　金属を鉱床から取りだすとき、我々は一つの封印を破っている。地殻の中に存在しているときの金属は、容易には溶けださないような形態のまま生物から隔離され、堅固な物質に取り囲まれているが、通常そこから、自然の風化作用によって少量の金属が生物圏にもたらされ、そうした金属の多くが新陳代謝に必須の成分として生物細胞の中に含まれている（よってそれらの金属は、代謝の様子を追跡するのに用いる〝トレーサー〟用の物質としても有用である）。金属物質は、生物濃縮、沈殿、堆積、化石化という自然の固定化作用によって、自然界から隔離されると同時にその濃度を一定に保たれ、また、これらの過程を経て鉱物資源が新たに形成されてきたのである。このように自然界では、風化作用と固定化作用という二つの拮抗する流れによって金属物質の濃度が低い一定のレベルに保たれ、生物はその低い濃度に対して適応してきたのである。

2　物質不滅の法則（「物質は、消えてなくなることがない」）および熱力学の第二法則（「エネルギーと物質は、拡散する傾向をもつ」）により、細分化された金属は最後の一グラムに至るまで、いずれ必ず自然界へとたどり着く。しかし、それにはかなりの時間の経過を要することが多く、しかも金属が人間の社会から自然界に放出される際には、自然の風化作用による場合に比べて、より傷つきやすい場所にさらに危険な形で置き去りにされることになるのである。

3 自然の固定化作用に加えて、ちょうど使用済核燃料の最終貯蔵処分に相当するようなやり方で、人間が自ら金属物質の永久保管をする場合もある。しかしそのようなケースは今のところ、採掘によって直接的に、あるいは金属で汚染された鉱物資源（たとえば、有毒な重金属を含んだ石油、石炭、リン酸塩など）の使用によって間接的に社会に取り込まれる金属の膨大な量に比較すれば、ほとんど無視することができる。

4 社会における金属の使用量の増加に歩調を合わせて、自然界への金属の流出量も増加することから、土壌や海底の沈殿物中の金属物質の濃度は、現在急上昇している。社会に蓄積されつつある金属の量は、そのまま膨れ上がる環境負債と等価であるが、我々はこの貯め込まれた金属がどこで、いかなる形で、そして、どのようなピッチで自然界に到達することになるのか、正確なところを何も知らない。分かっているのはただ、我々がシステムの変革を成しとげない限り、いずれ必ずそうなるのだということだけである。

環境被害には遅延発生傾向があることから、環境にもたらされた悪影響が我々の目に見えるようになった頃には、すでに莫大な量の金属が社会に蓄積されているというようなことも起こり得る。したがって、環境被害をはっきりと把握できるようになるまで社会に金属を貯め込みつづけるならば、我々は長期にわたって環境被害の深刻化と金属物質濃度の上昇、および新種の環境被害の出現といった問題の全部に対処することを余儀なくされよう。そして、その後も我々は、ゆっくりとした自然の金属固定化作用が環境を浄化しきるまでの何千年という間、これらの問題とともに生きていかなければならないのだ。ゆえにこの問題について、「今までのところはうまくいっている」と言うこともできない。これまでうまくやってきたのかどうかさえ、我々には分かっていないのである。

5 自然環境におけるさまざまな金属物質の濃度を各時点ごとに予測することがたとえ我々に可能であったとしても、その濃度に対応した自然界と我々自身への影響を予見することはできない。それは生態系内の相互関係のみならず、（たとえば、酸性雨の場合のように）金属物質とそれ以外の分子ゴミとの間の関係があまりに複雑であることによる。したがって、対策は急を要する。広範囲の人々が長期にわたって日常的にカドミウムに曝された場合に生じる直接的健康被害については、すでに初のレポートも発表されているのだ。

6 社会に滞留している金属物質に関して大まかな図式を得るには、我々が社会に取り込んでいる金属の量と、我々の一番身近な環境における金属の通常の存在量とを比較してみればよい。社会にある金属はいずれその全量が自然界にたどり着くこと、および（風化などの）自然の作用による金属の流出量は社会から自然界への金属の流出量に比べてはるかに少なく、無視できることから、社会に取り込まれたある金属の量を、我々の最も身近な環境で自然に存在するその金属の量で割り、その商を「将来汚染ファクター」［ファクターは〝要因〟、〝系数〟などの意］と呼ぶこととする。将来汚染ファクターは、金属がどこで、いかなる形で、どのようなピッチで社会から自然界に放出されるかは問題にしない。

7 読者も予想される通り、鉛、水銀、カドミウムといった重金属の将来汚染ファクターは高い値を示す。スウェーデンではすでに、これらの金属について使用廃止の計画が固まっているが、その実施を急ぐ必要があろう。これはさらに銅や亜鉛などについても当てはまることである。というのも、これらは将来汚染ファクターが非常に大きく、しかも最近に至るまで話題にされることもなかった金属だからである。

8 もし、我々が自分たちの健康と繁栄を何とか保ちつづけたいと願うのであれば、この問題を政治というまったく別の次元へともち上げなければならない。その際政治に求められるものとして、以下の目標に到達するための促進策（啓蒙活動計画、経済的奨励策、法制度など）の策定・整備が必須である。

❶将来汚染ファクターが最も高い部類に属する金属については、社会への今後の供給をただちに断つこと。さらにそれらの金属を使用することも、計画に従い、すみやかに中止しなければならないし、使用中止になっている間に回収も可能な限り進めなければならない。こうした対策により、多量のエネルギーを必要とし、環境に与える負荷も大きい金属鉱石採掘の規模が縮小するのみならず、社会から自然界へ漏れでる金属の量も減少する。とはいえ、回収率が一〇〇パーセントになることはあり得ない。そのため、自然環境における金属量の増加を回収活動によって食い止めることはできず、ただ増加の度合がゆるやかになるだけである。将来汚染ファクターが大きく、最も毒性の強い金属（水銀、鉛、カドミウム）は、即刻永久保管処分とすべきであろう。

❷将来汚染ファクターの小さい金属については、回収と再利用の拡大・強化を推し進めること。これは環境被害を減らし、エネルギー効率を向上させるためである。たとえば鉄の場合、くず鉄を再生したほうが鉄鉱石から製鉄するのに比べて約五倍もエネルギー効率がよいにもかかわらず、その回収率はたったの三分の一程度であるし、そのほかの金属にいたっては、状況はさらによくないのが普通である。

❸たとえ我々が高い金属資源回収率を達成できたとしても、金属が我々の手を離れ、自然界に出てゆくことを妨げるのは不可能であって、ただそのスピードを遅らせることができるにすぎない。しかも回収活動それ自体がエネルギーを必要とする上に、金属以外の分子ゴミの発散源ともなる。よって、金属の利用そのものについても強力な制限を加えることを検討しなければならないであろう。それには我々がぜいたくなライフスタイルを放棄することを学び、ある金属をたとえばセラミックや再生可能プラスチック、木材などの素材で置き換えることを覚え、何事を計画するにも省資源を念頭に置く姿勢を身に着けることが必要である。

❹未来社会の発展に関して、キーワードとなるのは〝システム的視点〟である。発展を推し進める間も、短期的思考にもとづいて後の発展段階に適合しないような変革を行うことは避けなければならない。その一方で、とりあえずの一時的な変革を意識的に行う心づもりも必要である。ただしその場合には、後で大規模な投資の必要もなく軌道修正できることが条件となる。ついでに言えば、このあたりの問題は、非常に高い優先順位を付されるべき研究分野である。

## 問題の概要——産業社会スウェーデンとそこで使用されている金属

普通鋼、特殊鋼、超硬合金、フェロアロイ[1]、銅、亜鉛、鉛、スズ、貴金属、そして軽金属の中でもことにアルミといった金属は、社会において重要な応用分野を有する。また、希少金属の使用規模も、とくに電機、半導体業界で拡大している。

また、鉱山業と鉄鋼・金属精練業、および機械工業は、古くからスウェーデンの重要な産業部門であった。これらの産業の複雑さを示すため、一例としてスウェーデンの鉄鋼生産プロセスにおける鉄とその副産物の流れを**図I-8**にまとめた（図は簡略化されたものである）。

**●採掘残土**

図に示された物質の流れから、金属産業の抱える数多くの問題が明確にみて取れよう。まず、鉄鉱石の採掘そのものが、自然界に傷を与える。また、鉄鉱石を採り終わった後の残土の上に雨が降り注げば、鉱石の微粒子はちょうど大きなコーヒーメーカーの中のコーヒー豆に相当することになり、金属汚染物質や硫酸のようなそのほかの分子ゴミが地中に流れ込んで、土壌と地下水を汚染することとなる。

**●エネルギー**

採掘された鉄鉱石は溶鉱炉投入前に選鉱、成型などの予備処理を受けるが、これは大量のエネル

図－8

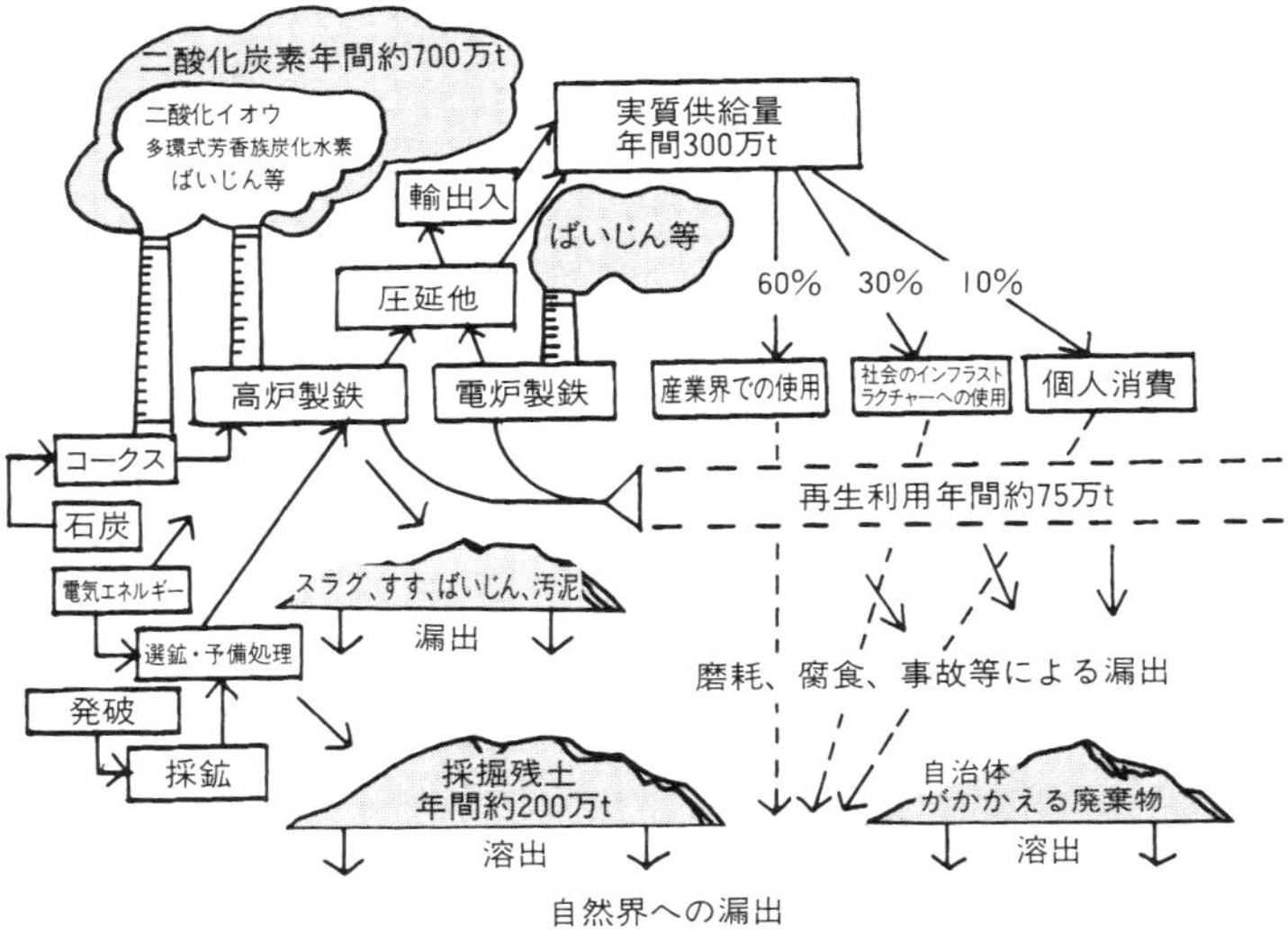


**スウェーデンの鉄鋼生産における鉄その他の物質の流れ**(図は簡略化されたもの)

ギーが必要とされる工程である。また、鉄鉱石はコークスを使って溶解・環元されるが、それゆえに鉄の流れは炭素の流れで動かされていることになり、これが今度はまた別の問題を生みだす。スウェーデンの〝化石二酸化炭素〟排出量のうち、鉄鋼生産によるものが約一〇パーセントを占めているのである。また、全産業のエネルギー使用量のおよそ二〇パーセントが、鉄鋼生産により消費されている。炭素と鉄は、依然として産業社会の基盤である。

### ●排出物質

製鉄・製鋼工程と、その際のコークスの燃焼により、二酸化炭素に加えて発ガ

(1) 脱酸や特殊鋼の成分元素添加のために用いる各種の鉄合金。

ン物質やすす、スラグ（鉄鉱石などのカス）、汚泥が発生する。これらの汚染物質の中にもまた、石炭や鉄鉱石に由来する物質、とくに重金属を見いだすことができる。またこの工程では、製造に大量のエネルギーを必要とする石灰、フェロアロイといった添加物や、耐火煉瓦が使用される。出来上がった鉄鋼は合金にされたり、メッキ、コーティングなどの表面加工や着色の工程を経て市場に供給されるが、これらの工程で使用される物質にも亜鉛、鉛、カドミウム、クロムなどの金属が含まれている場合がある。

表面仕上げを施された鉄鋼製品は、社会の中で使用されるうちに腐食し、磨耗し、自然界に放置されることとなるが、それもその量の多さゆえに環境に対して深刻な危険性を秘めている。鉄そのほかの金属を我々が利用することで生じる問題を数え上げるのは簡単なことであるが、優先度の高い対策からまず実施するために必要な展望を得ておくには、どうすればよいのであろうか？

## 展望の把握――自然の法則を手がかりに――

人間の手による鉱物資源の採掘・利用から生じる帰結をより深く理解するのにカギとなるのは、次の三つの自然法則の知識である。

❶熱力学の第一法則によれば、エネルギーはつくりだされることもなければ消滅することもない。

❷物質不滅の法則が示すところでは、物質は新たに生みだされることもなければ消えてなくなることもない。化学反応によって物質の形態を変えることはできても、その構成粒子である原子そのものは、地球上を支配する環境の下では決して消滅することがない。たとえば体温計の水銀は、水銀の原子として構成されて以来ずっと地球に存在していたし、これからもつねに存在しつづけるのである。

❸熱力学の第二法則によれば、物質もエネルギーも、拡散する傾向をもつ（〝拡散しようとする〟）。時を経るに従い、物質はより乱雑な、細分化された形態へと拡散してゆく。物がこわれ、風化し、酸化し、そうして〝時間の歯車〟に砕かれていくのはこの例である。

## 太陽を原動力とする自然の物質循環

自然の法則は、経済のあり方に必要な条件だけでなく、人類の生存条件を理解するのにも重要な意味をもつ。大気と海洋も一体となった地表は、重力が物質をそこに引きとめることから、物質にとっては一つの閉じた系であるが、太陽からの絶えざるエネルギーの流入と、流入したエネルギーのその後の冷たい宇宙空間への発散という面から見れば、開かれた系でもある。これはつまり、我々の生活空間の中で物質が拡散しようとする傾向にストップがかけられる理論的可能性のあることを意味しているし、実際この可能性は、太陽をエネルギー源とするさまざまな循環プロセスによって実現されている（水の循環や動物と植物の間の生化学的循環など）。

図－9

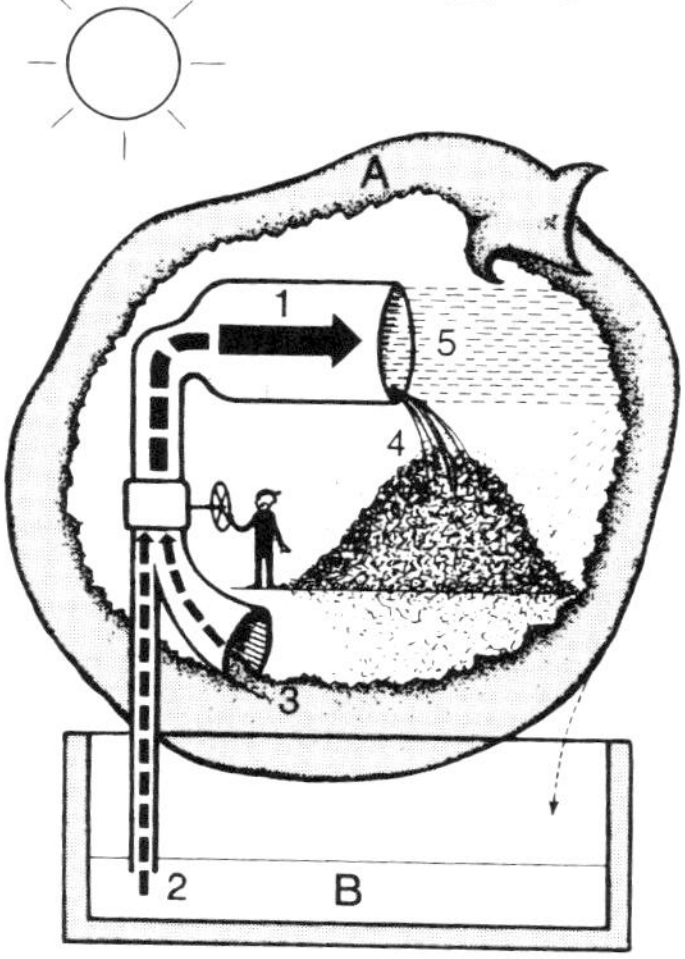


生物圏で物質を組織的に集めて再構成する責務を最終的に引き受けてきたのは、植物の光合成プロセスであった。人類そのほかの動物は、自分の体の新陳代謝によって集められ、構成されるより多くの物質を分解し、まき散らしているのであるが、こうした新陳代謝の仕組みが植物の物質循環に組み込まれたことで、動物や人類の出現以降も生物の進化にともなう形で、ここ地球上での秩序の増大が着々ともたらされてきたのである。したがって、生物圏において（物質を濃縮、再構成して）日々新たに再生するものすべてが最終的によって立つプロセスはただ一つ光合成であるが、実は光合成プロセスは、生物圏での秩序から乱雑さへの流れを逆転させる生産装置だったのだ。これはまた、ほとんどの鉱物資源も含むバイオマスの全部が、光合成を原動力として生みだされたものだということを現実には意味する。よって光合成は、多様な形態の生物の基盤のみならず、我々の健康と経済の基盤をも構築してきたのである。そこで我々は、我々の生存はもちろんのこと、将来の繁栄にも必要な基本的条件をここに一つの法則として定式化することができる。すなわち、「生産プロセスが自然の循環に適合していなければ、我々は永続性のあるものを何ら生みだすことができないし、実質的価値の増大を果たすこともできない」と。

## 直線的資源利用

右の法則の意味するところは、社会での使用を目的として地表の下の地層から取りだされた鉱物（たとえば、石油、石炭、リン酸塩、そして金属類）が、完全に工業サイクルに組み込まれて循環するか、元のような岩盤の中に戻されない限り、量はそのまま、しかも拡散した形でいずれ自然界へとたどり着くのだ、ということである。これは、有毒な重金属のように植物の利用できない金属の場合、避けることができない。しかも完全に閉じた工業サイクルなど、小規模の例外的なもの以外、決して満足に機能することもない（〝万物は拡散しようとする傾向をもつ〟）ため、こうした金属は直ちに永久保管処分とすべきであろう。

**図I－9**は、ナチュラル・ステップの統一意見文書「自然科学的見地から見たエネルギー問題」（本書では付録2として収録）からとったもので、今日の直線的資源利用のあり方を図解したものである。Bは減る一方の鉱物資源の蓄えを示し、二手に分かれた排出物質4（目に見える形のもの）および5（分子単位のもの）は、鉱物そのほかの天然資源が拡散する形で雑然と捨てられていることを表す。これではまず排出物の量が多すぎ、それにこのような質の排出物を処理する余裕が自然の物質循環の流れにはない。したがって、直線的資源利用がたどり着く帰結として明らかなのは、生物圏における分子ゴミの拡散・増加と、埋蔵量の多い鉱床が減ってくることによる鉱物の経済的入手可能性の減少の二点である。

天然資源の形成と我々人類の進化、そして、循環原理の自然科学的背景、ならびに直線的資源利用の継続がもたらす社会経済と我々の健康面への影響については、〈Reviews in Oncology〉の環境問題特集号（*vol4, 1991, No. 2*）所載の*"From big bang to suitable societies"*（カール＝エーリク・エーリクソン、カール＝ヘンリク・ロベール共著）を参照のこと。

## 自然界の金属物質の濃度を保つ二つのメカニズムとその限られた処理能力

物質不滅の法則の帰結として、人間の手によって岩盤の中から解き放たれた金属は遅かれ早かれ、一グラム残らず自然界の表面に到達し、それがそこでの金属物質濃度の上昇につながる。その例外の一つは、使用済の金属を生物圏との隔離状態を保ったまま、未来永劫にわたって保管する我々の行為によるものであり、今一つは自然が主に太陽を動力源とする生物濃縮、沈殿といった固定化プロセスを通じて、ごくゆっくりと金属を貯蔵してゆく働きによるものである。これら二つのプロセスは、今日の社会が放出する金属物質の大きく一方的な流れに比較すれば、事実上無視できる程度のものである。

## 金属物質の有害性

金属とその化合物が生態系においてもつ有害な効果は、非常に多岐にわたるものがある。その中でも大量の金属による急性の中毒と、少量の金属に長期間さらされた場合に生じることのある害は区別しておかなければならない。直線的資源利用による一次的環境被害といった場合、そのほとんどがもっぱら後者、すなわち長期間の曝露（ばくろ）によるものを指す。したがって将来最大の問題は、生態系であらゆる金属物質の濃度の急上昇がつづくことである。我々自身への影響には、ガンや神経系、腎臓そのほかの臓器の障害から、生態系のどこかの部分的な破壊に起因する間接的ダメージに至るまで、幅広い病状の種々相が含まれるが、一つの一般的な原則として、問題となる物質の絶対量よりも、濃度の変化こそが危険性を決定づけるということが言える。これについては、後述の「自然界における物質濃度の法則」を参照のこと。

## カドミウム——汚染対策の緊急度ナンバー1の金属か？——

最近、土壌汚染の主要原因物質の一つ、カドミウムがますます多くの関心を集めるようになってきている。

カドミウムはちょうど水銀や鉛と同じく、非常に強い毒性をもち、動植物の新陳代謝ではまったく使われることのない金属である。したがって、万が一カドミウムを扱わねばならない場合には、それが我々自身の手によって小規模の例外として運用されるにすぎない工業サイクルの中に、完全に組み込まれているのでなくてはならない。

今、世界各国の工業地域では、この非常に有害な金属の土壌中濃度が上昇している。その主な原因には、リン酸肥料のカドミウム汚染や、工業部門からの排出、ならびにカドミウムを含む特定の製品（たとえば充電池）の廃棄などがある。長期にわたってカドミウムを摂取していると、腎臓が機能低下の症状を呈するに至る。この腎臓の機能低下症状が、すでに日常の食品の中に濃縮されて含まれているカドミウムによって引き起こされている疑いを裏付ける研究が、最近ベルギーで発表された。(原注12) 工業国全域の土壌中で増加している金属、カドミウムに長年さらされつづけた場合の我々自身に生じる直接の健康被害について、我々はここに初めて警告レポートを受け取ったわけである。しかし、これをどう評価すべきであろうか？　この問題を追いかけている我々は、その核心部分を暴いたのだろうか？　それとも目を閉じたままで手探りしているにすぎないのであろうか？

## 環境破壊のメカニズム――その複雑さと被害の遅延発生傾向――

生物圏での組織的な増加が見られる有害物質は数多くあるが、その危険性を判定する際に最も重要となるのは、各物質ごとにそれぞれ通常未知ではあるが超えてはならない限界が存在するとの認識である。二酸化炭素のような生命活動の基本物質さえ、自然の物質循環の外にさまよいでて増え始めれば、深刻な結果を招きかねないのだ（温室効果を想起されたい）。もう一つのよく知られた例は、一般的に無害な物質、フロンである。

各物質に対する自然界の許容限度が通常未知であるのはなぜかというと、それは生態系内の調和と多様な環境被害を特徴づける、自然の途方もない複雑さのためである。物質が自然界の中を運ばれて移動したり食物連鎖を通じて伝わったりするには時間を要することから、環境被害の発生までには相当の遅れをともなうことも多い。また、金属の種類によって、社会から自然界への拡散のスピードも（たとえば水銀は速く、銅は遅い）、自然の風化作用による生物圏への流入の規模も大きく異なっている。そして、ついには種々の有害な金属が、ほかの有害物質と相互作用を起こすのである。

その有名な例が酸性雨である。酸性雨は、土中の金属の固い結合を解いて金属イオンを遊離させ、地下水へと運ぶ。その地下水から金属が、植物や動物、人間へと取り込まれてゆくのだ。自然界の複雑さと環境被害の遅延発生傾向、そして、健全な生態系に依存している我々のあり方の相互の関連から、恐ろしい問題が生じているわけである。

## 対策の優先順位決定の目安は？

我々は今、状況を打開するため、とにかく徹底的な対策の実施を迫られているところである。そこで一番重要となってくるのは、システムの抜本的変革を行える力が我々にあるかどうかという点であろう。しかし、対策をとるにしても、基本的な問題に対するものが先になるよう、何らかの優

---

**原注12** Buchet JP, Lauwerys R, Roels H et al. Renal effects of cadmium body burden of the general population. Lancet 1990 ; 336 ;699-702.

先順位づけをすることが経済的な観点からも要求される。さらに種々の金属の環境に対する危険性を計れるような、何がしかの目安も必要である。とはいえ、金属の危険度を判定するというのは、かなり難しいことなのではないだろうか？

## 自然界における物質濃度の法則

一般的に言って、ある物質の環境に対する危険性と、その物質の自然環境における通常の濃度は反比例するものである。これは何も驚くには当たらないことであって、それというのも生態系の生物種はみな、進化の過程で通常豊富に存在する物質に対して適応してきたからである。ここから導かれる結論として、環境に対する危険性が最も高い物質とは、普通ごく微量にしか存在しないか、あるいはまったく存在しないような、それゆえ自然が分解できない物質であるということになる。

物質の実際の濃度と通常の濃度の商である〝汚染度〟の概念が使われる背景には、この法則の存在があったのだ。しかし我々が社会に取り込んだ金属が自然界に出ていくまでにはもちろん時間もかかるし、我々は今、各種の金属の濃度が将来どれだけになるのかを算出したいのである。とすると、社会に取り込まれた金属は、いずれほとんどその全量が自然界にたどり着くのであるから、将来の実際の汚染度を知るためには、各金属の自然環境における通常の存在量と、社会に取り込まれた量とを対比させるべきであるということになる。

## スウェーデン社会が抱える金属の量

我々がこれまでに社会の中に解き放った金属の量は、煙突や排水管を通して自然界に排出した量より何倍も多い。(原注13) これは別の言い方で言えば、金属の使用それ自体が、長期的には排出量の何倍もの金属を自然界に運び込むことになるということである。しかしその量は、どうしたら分かるのであろうか？ それは世界規模で容易に見積もることができる。なぜなら、金属生産量の国際統計があるからだ。

例として掲げた**表１−５**は、一九〇〇年代に入ってからの亜鉛の生産量を示す。これまでの累積生産量は各年度の生産高を結ぶカーブの下の面積から導くことができ、その数字は青銅器時代から一九九〇年までで約二億五〇〇〇万トンに上る。そのうちのほぼ半分が、何と最近の二〇年間で生産されているのだ！

ここではスウェーデンについて考えたいので、次のステップはこの二億五〇〇〇万トンのうちのどれだけがスウェーデン社会にやってきているのかを見積もることである。そこで我々はその比率として、一パーセントという数字を採用することにする。これはおおまかではあるが、決して根拠のない仮定ではない。産業界では、スウェーデンの市場規模を世界市場のちょうど一パーセントと見なすのが普通である。これ以外の何か別の値で計算したい読者は、そうしても構わないが、そのこ

**原注13** Andeberg S, Bergbäck B. Ambio vol 18m. 4, 1989.

## 表－5　亜鉛生産量の推移

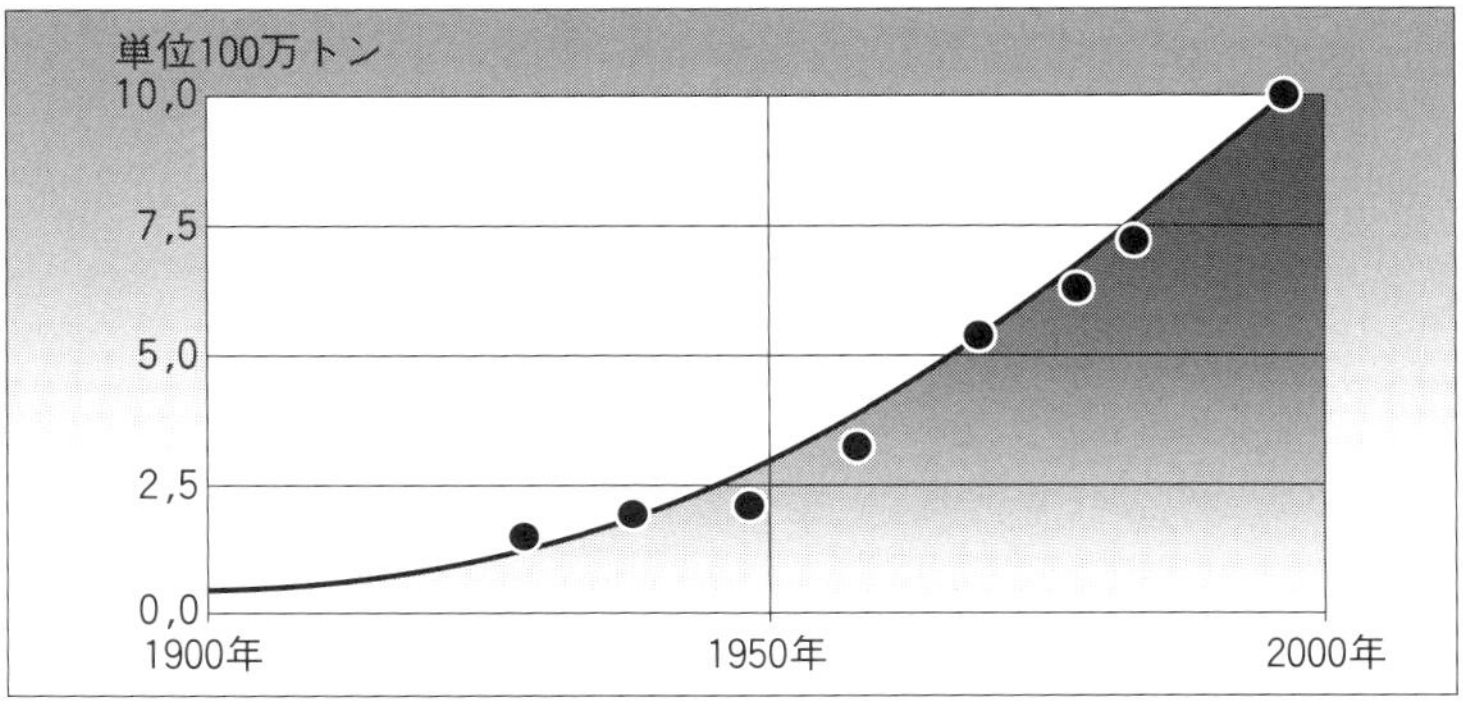


世界の亜鉛生産量（リサイクル分は含まず。なお､数値の算出は自然保護局のビョルン・ヴァルグレン氏による。）

## 表－6　社会と自然環境における各金属の存在量とそこから算出される将来汚染ファクター

| 金属の種類 | スウェーデンの工業圏における累積量(トン) | スウェーデンの居住用地に自然に存在する量(トン) | 将来汚染ファクター（端数は丸めてある） |
|---|---|---|---|
| As （ヒ素） | 10,000 | 20,000 | 0.5 |
| Be （ベリウム） | 150 | 20,000 | 0.01 |
| Bi （ビスマス） | 1,200 | 3,000 | 0.4 |
| Cd （カドミウム） | 5,000 | 500 | 10 |
| Co （コバルト） | 12,000 | 25,000 | 0.5 |
| Cr （クロム） | 850,000 | 310,000 | 3 |
| Cu （銅） | 3,500,000 | 60,000 | 60 |
| Ga （ガリウム） | 4 | 90,000 | 0.00004 |
| Hf （ハフニウム） | 20 | 20,000 | 0.001 |
| Hg （水銀） | 9,000 | 100 | 90 |
| In （インジウム） | 30 | 300 | 0.1 |
| Mo （モリブデン） | 25,000 | 6,000 | 4 |
| Ni （ニッケル） | 230,000 | 120,000 | 2 |
| Pb （鉛） | 2,200,000 | 30,000 | 70 |
| Sb （アンチモニー） | 15,000 | 3,000 | 5 |
| Se （セレン） | 500 | 600 | 1 |
| Sn （スズ） | 60,000 | 30,000 | 2 |
| Ta （タンタル） | 500 | 800 | 0.6 |
| Te （テルル） | 90 | 6 | 15 |
| V （バナジウム） | 10,000 | 300,000 | 0.03 |
| W （タングステン） | 12,000 | 300,000 | 0.04 |
| Zn （亜鉛） | 2,500,000 | 150,000 | 20 |
| Zr （ジルコニウム） | 15,000 | 900,000 | 0.02 |

とで以下の検証とそれに続く結論に変わりはないであろう。よって我々は、スウェーデン社会がこれまでに二五〇万トンの亜鉛を、各種の製品に意識的に使ったものと推定することにする。

同様にして、ほかにも二〇数種の金属について算出した結果をまとめたのが、**表Ⅰ-6**にある金属別の「スウェーデンの工業圏における累積量」である。ただ、カドミウムとヒ素については、不確実とはいえ、おそらく一パーセントよりは真実に近いと考えられる値を使用した。それによるとスウェーデンのカドミウム使用量は、驚くには当たらないが世界の一パーセントよりは少ない程度である。ヒ素の場合は約二パーセントで、これも驚くには当たらない。というのも、ヒ素は木材の防腐処理剤として最もよく用いられる物質であり、スウェーデンが木材消費大国だからである。したがって、表に挙げた数字は、おおまかながらもスウェーデンの社会がこれまでに取り込み、やがてそのうち自然界に出てゆく各金属の量を示していることになる。

## スウェーデンの自然環境における金属の存在量

表に挙げた累積量の数字は、見ての通り金属の種類ごとに大きく異なっており、そこから環境に関しての何らかの結論めいたものを引きだすことは容易ではない。そこでそれぞれの金属の累積量を、その有害性も加味した別の数値へと変換するためには――同じ一キログラムの量でも、亜鉛と水銀ではその有害性は当然違ってくる――前に述べたところに従って、ある金属の有害性がその金属の自然界での通常の濃度に反比例すると見なせばよい。

だとすると、その具体的な方法としては、各金属の累積量をその金属が自然界の土壌中で示す通常の濃度で割るというのが、一つのやり方となるだろう。なお濃度は、土壌中のもののほうが水中のものに比べてより適切である。というのは、土壌（と海洋や河川、湖沼の沈殿物）の汚染こそが、金属の拡散の結果として永続的に残るものだからである。しかしながら、社会の抱える金属の量を土壌中の金属の濃度で割り算することにより、〝濃度あたりの量〟という奇妙なディメンジョン[2]をもった数字が導きだされてしまう。そこで、同じ結果を得ながらはるかに簡潔明快なもう一つのやり方は、スウェーデン全体か、そのどこか一部で自然に存在する金属の量を算出し、それからその値で社会に蓄積された金属の量を割ることである。よって我々は、スウェーデンの居住用地の最表層二〇センチの幅の部分に存在する金属の量で比較を行うこととした。この二〇センチという深さの数字は、耕作用地に関して各種の計算を行うときに通常用いられるものである。

我々はさらに、対象となる土地の範囲として、スウェーデンの全居住用地を選んだ。それは、拡散した金属の大部分が、おそらく人間が住んで活動しているエリアに現れることになると考えるからである。スウェーデン中央統計局の居住用地の定義（居住用地＝住宅・ビル用地＋道路などの交通機関用地＋送電線用地）から、居住用地の総面積は一億二六〇〇万ヘクタールとなる（これは国土の総面積の三・一パーセントに相当）ので、これを計算に使用する。

対象となる土地の面積や深さの数値に別のものを使って計算してももちろん構わないのであって、金属の量の比率を比べることに主眼を置いているこの議論の結果に影響はない。また、自然環境における金属の通常の濃度としては、乾燥した土が示す平均値（自然保護局が一九七六年に測定したもの）を用いた。すると全居住用地に存在する亜鉛の量は、一五万トンと見積もることができる。

ほかの金属についても同様の計算を行って得られた結果が、**表 - 6**にある各金属の「スウェーデンの居住用地に自然に存在する量」の部分である。

## 将来汚染ファクター

そこで今、**表 - 6**にある各金属の「工業圏における累積量」を、その隣りにある「居住用地に自然に存在する量」で割ると、ディメンジョンをもたない数値が得られる。これがそれぞれの金属ごとの環境問題の大きさを与える数値であって、**表 - 6**の一番右側に示されている。その値は亜鉛で20となる（端数は丸めてある）。これは我々がこれまでに社会にもち込んだ亜鉛の全量を居住用地全域に均等にまき、地面から二〇センチまでの土と混ぜ合わせたとすると、土壌中の亜鉛の濃度が今の二一倍のレベルにまで（つまり、今の濃度の分、1が足されて「1足す20」倍へ）上昇するということである。

もちろん、まったくこの通りになるわけではないとしても、算出された値はなお問題の規模を示していると言えよう。すなわち、自然界の亜鉛の濃度の強烈な上昇につながることが見込まれるほどの量の亜鉛を、我々はもうこれまでに抱え込んでしまっているという現実である。しかし、そのような濃度の上昇が、どこでどのようなピッチで生じることになるのかは我々には分からない。ゆ

（2）ここでは〝単位〟と考えて差し支えない。

## 表－7　各種金属の将来汚染ファクター

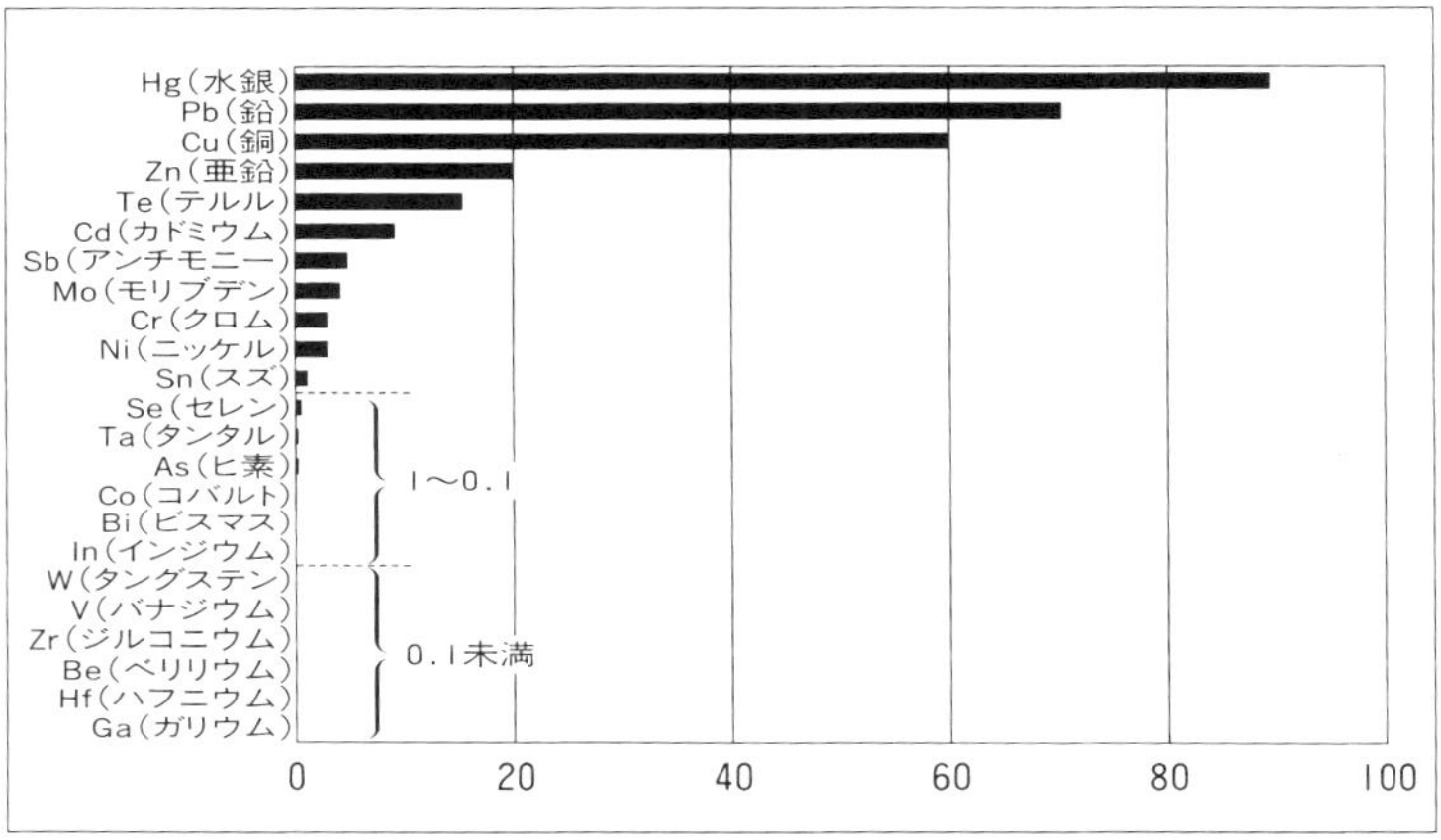


スウェーデンにおける23種類の金属の将来汚染ファクターのグラフ。ある金属の将来汚染ファクターは、x/yで定義される。ここでxは、青銅器時代から1990年までにスウェーデンの工業圏にもち込まれた金属の量。またyは、スウェーデンの全居住用地（1億2,600万ヘクタール）の土壌の最表層20センチの部分に自然に存在する金属の総量。（オリジナルのグラフは、自然保護局のビヨルン・ヴァルグレン氏による）

えにこの数値は、〝将来汚染ファクター［要因］〟と見ることができる。

また、ここで行った計算は、あくまでこれまでに社会に蓄積された亜鉛の量についてのものであることと、数十年のうちに今抱え込んでいるのと同じだけの量を新たに抱え込むことになるほど、亜鉛の供給量は増加していることを思い起こしておくのも意味があろう。このほかの金属についても同様の計算を行い、将来汚染ファクターの大きいほうから順に並べたのが**表－7**である。

これを見て分かるように、水銀と鉛の将来汚染ファクターはそれぞれ90と70という高い値に達しているが、これは別に驚くようなことではなく、両者の使用量を減らさなければいけないというのは前から分かっていたことである。しかし、銅の将来汚染ファクターも60に達しており、これについては熟考の要があろう。なぜなら、銅の使用量削減に努める計画など、今までまったく存在していなかったからである。そしてその次にくるのが、我々がこれまでまったく注意を払っていなかった物質（将来汚染ファクターが15の）テルルで、その反面、非常に毒性の強いヒ素は将来汚染ファクターでいうとそのずっと下、1にも満たないところとなっている。

## 問題の解決をいかに図るか？

### ●金属の循環的利用

こうした問題の解決のため、高い優先順位を付すべき対策としては、再生・再利用を通じた金属の循環利用の格段の強化が挙げられる。そのため、さまざまなシステムやプロセスに対して、金属そのほかの鉱物の再生利用を最初から計画に収めておくことが要求されることとなろう。すでにそのような方向での取り組みを開始した企業も、自動車業界（ボルボ、メルセデス、マツダ、フォルクスワーゲンなど）をはじめとして多数見られる。**図-10**には、鉄が直線的な流れの最後に、把握可能な形であれ不可能な形であれ、排出されたり廃棄物の山へと放出されたりする様子が示されている。たとえば普通鋼に関しては、今日この鉄の流れからとらえられて再利用分に戻されるのは、わずか三分の一程度にすぎない。たったそれだけの再生利用率でも、エネルギーの節減量はガラスの再生利用によって達成されたもののすでに一〇〇倍以上のものがもたらされているのだ。また、

## 図−10　金属資源の利用の図式（直線的利用と循環利用）

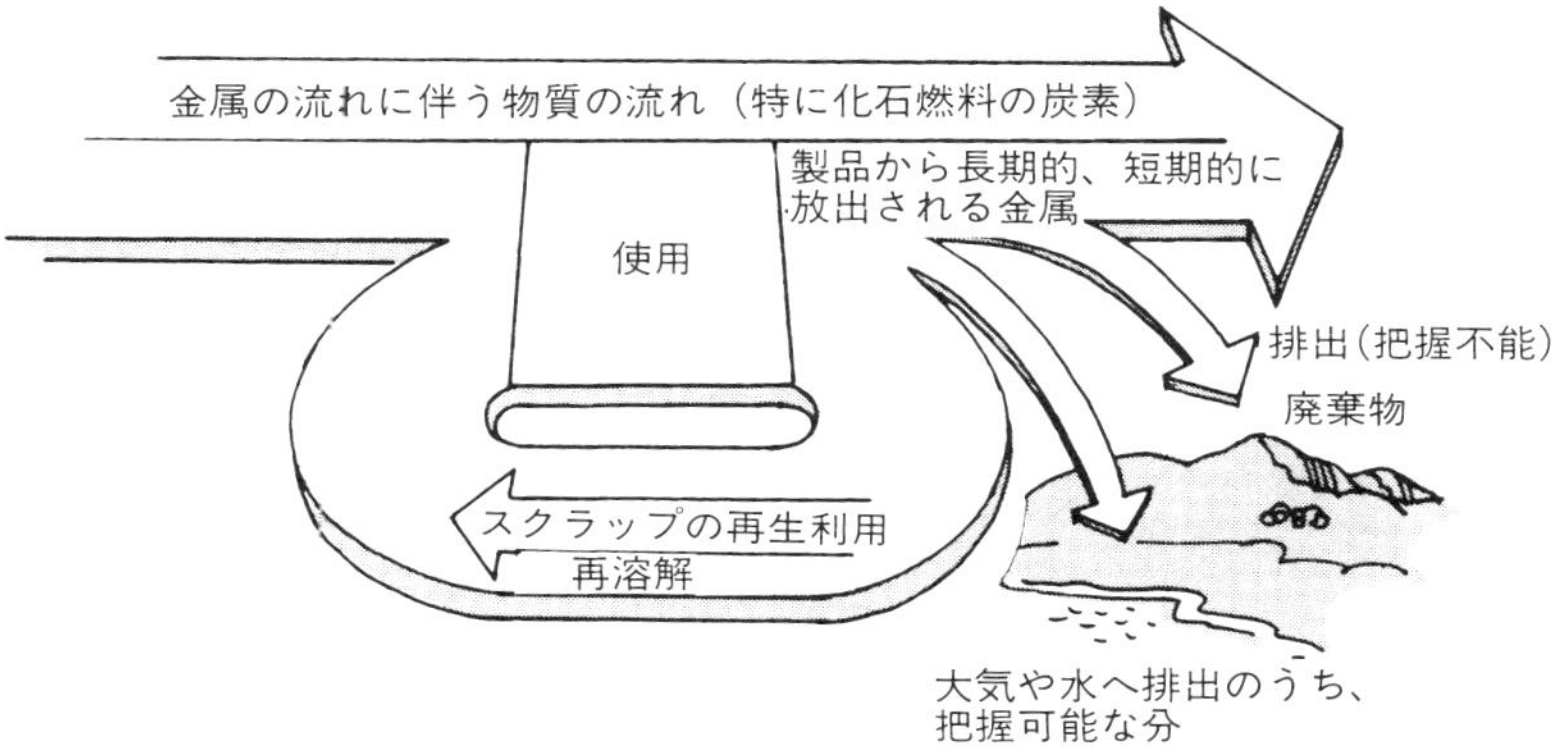


（オリジナルの図はルレオ工科大学教授のニルス・ティーベリ氏による。）

## 表−8　金属の新規生産と再生生産：所要労働力とエネルギーの比較

| | 所要労働力 | 所要エネルギー |
|---|---|---|
| | （人時間／トン） | （キロワット時／トン） |
| 鉄の生産 | | |
| 鉄鉱石から | 3.7 | 5,100 |
| くず鉄から | 4.4 | 900 |
| アルミの生産 | | |
| ボーキサイトから | 14.4 | 20,300 |
| スクラップから | 13.4 | 2,500 |

くず鉄を使用することにより、採鉱、コークスの燃焼、鉄鉱石の溶解などによる一連の排出物質（たとえば、鉄鉱石溶解時の排出物質なら、二酸化硫黄、多環式芳香族炭化水素[3]、フェノール[4]）の生成も回避される。ここでは鉄を例に説明したが、ほかの金属についてもその図式は同様である。

完全に直線的に使用される金属の流れに対して再生利用される金属の比率が増していき、直線的な流れが減少していくことが持続可能な発展の前提であるが、それにはどうしたらいいのであろうか。そこで**表1-8**を見られたい[原注14]。たとえば鉄の場合、耐久性にすぐれ、再使用や再溶解の可能な製品づくりに対する投資の拡大、それも効率のよい小規模製鉄所を基本に据えたものが望ましいということになるのではないだろうか。アメリカでは実際そのような形態の製鉄所が、鉄鉱石に依存する大規模製鉄所に比して競争力で優位性を強めてきている。要するにこれからの課題は、ムダを最小限に抑え、鉱石、エネルギーそのほかの資源の投入量も最小限ですむ、金属の循環利用システムの創造である。

### ●金属使用量の削減

このように金属スクラップの再生利用の拡大にも大きな可能性が秘められているものの、これに

**原注14**　S Wirsenius & A Strömbeck 1988. Skatter för en bättre miljö. Examensarbete 037 E, Tekniska Högskolan i Luleå.

（3）芳香環（いわゆる「亀の子」のベンゼン環など、原子が環状に結合した部分）を二つ以上含む、炭素と水素の化合物の総称。化石燃料の燃焼などによって生じ、環境科学的には発ガン性などの点から注目される。

（4）化学式 $C_6H_5OH$。石炭酸とも呼ばれる。合成樹脂の原料や殺菌消毒剤として用いられるが、人体には有害。

は以下の四つの点で限界もある。

❶まず一つ問題なのは、再生利用のほうが鉱石からの金属生産などよりはるかにエネルギー使用量が少ないにもかかわらず、それに見合った収益が上がらないことである。その理由は、もちろん今日のエネルギーの価格と税率の低さ（すなわち、エネルギー使用量の少なさが優位性につながりにくいこと）である。ここで再び**表1-8**を見ると、スクラップ再生も鉱石からの生産も、必要とされる労働力にほとんど差のないことが分かる。

❷次に問題なのは、スクラップが往々にして何種類もの金属を含んでいて、そのために再生利用のコストが押し上げられたり、はなはだしい場合には、再生利用そのものが不可能になってしまうことである。そこで必要なのは、寿命がきたときの再生利用が容易となるよう、すでに最初から考えてつくられた製品の生産を促進するような政策である。

❸金属の再生利用そのものが環境に対して与える負荷は、鉱石の採掘に比べてずっと小さいとはいえ、やはり再生利用の可能性に限界を生じさせる。たとえば、排煙や排水に含まれる鉛、水銀といった物質を集めようとすると、かなりのエネルギーを消費することになる上、フィルターに集められたすすや汚泥は組成が非常に複雑で、かつ金属含有量もわずかであるため、そこから製品として使えるだけの金属を取りだすのにさらに多額の投資が必要となってくるのである。もし再生利用の全付随効果から生じる環境負荷の合計があまりにも大きくなれば、再生利用がもたらす環境面での利益を上回ってしまうため、そうした限界を見きわめるのはとても重要なことである。どのような技術をもってしても、再生利用の利益と可能性には、

この意味での限界が必ず存在するのだ。

❹最後に問題となるのは、社会における金属の再生利用率が決して一〇〇パーセントにはなり得ない点である。前に述べた基本的な法則（「何物も消えてなくなることはない。そして、すべては拡散しようとする」）の帰結として、再生利用では人間の手でひとたび岩盤から採りだされた金属が自然界に出てゆくのを防ぐことはできず、ただそれを程度にも差はあれ、遅らせることができるにすぎない。

こうした再生利用の限界から、次のような動かしがたい結論が導きだされる。

「金属汚染問題に対処するには再生利用率の向上だけでは不充分であって、社会が利用する金属の総量の削減も必要である」

そのためには、製品の質を高めて長持ちするモノづくりをめざしてもよいであろうし、何事につけ、もっと賢いやり方、たとえば何かの会議をするにも移動して集まるのではなく、テレコミュニケーションシステムを利用してすませるなどの方法を実行するのもよいだろう。また、よりよい社会計画を通じて目標に近づく道もある（今より少ない交通輸送量でやっていけるよう、インフラストラクチャーを整備するなど）。そのほかに技術的に可能性のあるものとしては、耐食性にすぐれた鉄の使用量拡大が挙げられる。今日、耐食性の鉄鋼製品が使われている(5)のは経済的な理由だけからであるが、これは加工産業から流れでるニッケルとクロムの量を減らすためにも必要である。そ

(5)　両者はともに、鉄の錆を防ぐメッキ処理によく用いられる金属。

れ以外にも、使用される間に化学変化や磨耗によって分離する金属の量が従来より少ない製品の開発も考えられる。そして何よりも重要なのは、将来汚染ファクターの大きい金属の使用量削減であって、そうした金属については、ほかの素材もしくは将来汚染ファクターの小さい金属での置き換えを計画的に進めていくことが不可欠である。現在行われている電線類の素材の銅からアルミへの転換は、そのよい例と言えよう。

あらゆる対策の中でも、多くの場合、社会にとって一番コストパフォーマンスにすぐれ、それゆえ高い優先順位を付すべきものは、必要性のない、あるいは代替可能な部分に使用されている金属の使用中止である。これはとくに将来汚染ファクターの大きい金属に言えることであるから、そうした金属のスウェーデン社会への流入量を減らしていって、最終的に完全にゼロにするにはどうしたらいいのか、研究の必要があろう。金属Xは実際どの製品に使われているのか？　その金属を含む製品Yにその金属を使わずにすむようにするのは、現実にはどれだけむずかしいのか？　その金属の使用中止は、どれだけ早く実行に移せるのか？　そうした金属の永久貯蔵処分をどうしたら一番早く、効率的に実現できるのか？　目標実現のための促進策は何がベストか？……。なお、カドミウムに対する対策はすでにかなり前から実施中であり、水銀と鉛の使用中止計画も存在している。とはいえ、我々が将来汚染ファクターの大きい膨大な量の金属を取り込んでしまっていることに心を痛め、もっと厳しい対策の実施を要求する人もいることだろう。

最後に、地球の資源の取り扱いとそれに付随するゴミや有害物質の拡散に関して、先進工業諸国は第三世界に対し、非常に非倫理的な行いをしている。世界中のどんな技術的対策をもってしても、我々はこの行いの帰結から逃れることはできない。この問題は、そういう次元のものである。したがって、我々がしなければならないのは、もっと経済的で価値のあるライフスタイルを確立することである。これは、我々がたとえエゴイスティックに自分たちのことだけを考えていようとするにしても、すべては運命共同体であるというエコロジーの真実から要求されることなのだ。

### ●システム的視点の必要性

ある製品のライフサイクル全体を通しての環境への影響を〝揺りかごから墓場まで〟——あるいはむしろ〝揺りかごから生まれ変わりまで〟と言うべきであろうが——研究すれば、廃棄物の問題を見通す視野にも広がりが出てくるだろう。しかし、そのような分析手法にもとづく幅広い問題検証も、一つの製品を出発点にしているところに弱さがある。そもそもこの製品は、社会を持続性あるものへと転換中の今日、重要な優先的要素に適合するものなのか？——最初の計画段階からして誤っている状況の中で投資を重ね、誤りを取り繕おうとするならば、我々の以後の変革のスピードは落ち、投資余力も失われよう。ここで我々に必要とされるのはシステムの学である。そして、システムが今度はヒエラルキー［階層］へと拡大してゆくだろう。最小限にされるべきはシステムとヒエラルキー全体による環境負荷の総量、それもシステムとヒエラルキーのもつ有用性との関連の中でとらえたときのものであって、この点を誤ると我々は道に迷うことになる。このあたりは社会の論議においてだけでなく、学問的研究においても優先的に扱われるべき領域である。こうした考え方の一例が、後述の「〝製品からの視点〟と〝システム的視点〟の違い——その一例」に示されている。

したがって問われてくるのは、廃棄物の問題をどのシステムレベルで見るべきかという点である。

スウェーデンにおいても、また地球規模で見ても、ゴミの山の成長が早まっているばかりでなく、生態系の分子ゴミの濃度が既知のもの未知のものを問わず上昇している現実が一方にある。他方、物質不滅の法則により、ゴミとちょうど同じ量の天然資源が減少していく。またこの天然資源は、分子ゴミによっても損なわれている。耕作地の土壌のカドミウム汚染はその例である。この資源の流れのまん中には我々の老朽化してゆくモノと社会があり、しかもその老朽化のスピードは分子ゴミによって早められている（その実例が建物や土地の酸性雨被害）のだ。これほど広範囲におよぶ問題は、最大、最上位のシステム、すなわち我々の文明とのかかわりの中で見るべきだとの学術的観点からの主張もあろう。

実際、ブルントラント委員会[6]はすでに、我々の社会が、周りを取り巻く生態系との持続可能な関係からいかに遠いところにあるか公式に立証しているし、同様の結果は、そのほかのワールドウォッチ研究所、ローマクラブといった組織の独自の学術的研究によっても示されている。我々が直面している課題は非常に包括的で緊急のものであるため、魅力と持続性を兼ね備えた社会という目標への到達を願うのであれば、これ以上システム的な誤りを重ねている余裕はまったく残されていないのだ。この文書の中で、我々が強調したかったのは次の二点であった。

❶システム的視点の必要性。
❷金属の利用形態を長期的にも自然環境に適合したものとするために、これから選択する解決策は、すべて今後不可避の変革の第一段階で優先的に実施されるべきであるということ。

## ●〝製品からの視点〟と〝システム的視点〟の違い――その一例

アルミ罐は、非常に注意を引きやすい明白な廃棄物である。しかし、アルミ罐が自然界で引き起こす問題や、ゴミ処理の面で生みだす問題は、クリーンキャンペーンの類を通じてではまったく解決できないということがほどなく明らかになったのであった。やがて議論は、飲料一リットル当たりのシステムとしての全環境負荷を問題にすべきだ、との方向に変わった。そのとき重視されたのは、アルミの製造と飲料の生産・輸送の側面であった。そして、デポジット制を義務づける法律とアルミをリサイクルする技術によって、まず妥当なアルミの再生利用率が達成された。この次のステップでは、問題を飲料メーカーもその中に含まれるようなもっと大きな局面から見るべきだ、という意識が芽生えてこよう。そうなれば、議論は新しい段階を迎えたことになるわけである。

ただ現在の飲料業界の大手数社による寡占状況が、将来の小規模・消費地近在型・完全オートメーション工場の実現を阻害する要因となることも考えられるが、そうした消費地密着の形態が、大量輸送を必要とする今日の飲料工場のあり方などに比べて、健全な社会発展に寄与するところはるかに大であることは明らかである。しかしそうなってくると、飲料容器のゴミ問題も変わってくるであろう。なぜなら、消費地密着方式になれば、容器も工場と消費者の間を往復する瓶のほうが罐より有利となってくるからである。

空き罐の問題が、限られた視点から、あたかも厳然として与えられた量のゴミの処理をめぐる問題であるかのように扱われてきたのは、確かに不幸なことであった。しかし、問題を見通す視野が

---

(6) ノルウェー首相のブルントラント氏が議長を務める国際研究機関。

広がってくれば、より良いシステムを見いだせるようになる。ふつう限られた視点からは、問題は明白に見えてこないものである。が、だからといって、その問題が重要でないということにはならないのだ。

この文書の編集グループの構成は以下の通り。

カール＝エーリク・エーリクソン（シャルメシュ工科大学）／ヨン・ホルムベリ（シャルメシュ工科大学）／ベングト・ヒューベンディック／ボー・オルソン／カール＝ヘンリク・ロベール（カロリンスカ研究所）／ニルス・ティーベリ（ルレオ工科大学）／ビヨルン・ヴァルグレン（自然保護局）

この文書は、ナチュラル・ステップの人文科学者および自然科学者組織の中で回覧に付された。その際示された見解は、すべてもれなく内容に反映されている。

# 付録4　自然科学的見地から見た交通輸送問題

（一九九〇年二月二二日　国会議事堂での「持続可能な交通輸送計画セミナー」より）

交通輸送システムと、それが引き起こすエコロジーおよび医学上の問題について話し合うため、今日ここに集まった我々は、政治や産業、科学の分野における総合的な知識と経験を有する者である。ただしこのレポートでは、我々は単に意見表明を行うにすぎない。

セミナーの形をとって行われたこの意見統一作業は、現状分析と今後の目標に関して、我々に共通の客観的基盤を見極めることを目的としたものである。参加者の中で異議を唱えたり表現の追加を望んだ者があった点については、本文に（＊）を付し、対応するテキストをこの文書の最後に収録した。

交通輸送問題に関して目指すべき全般的な目標は、資源を枯渇させず、しかも環境負荷のより少ないシステムであるという点で、我々は意見の一致をみた。

この目標に到達するためには、限りある物質の消耗と放出を低減させなければならない。目標を細部にわたって達成期限付きで定めるために政界と産業界の同意を取りつけようと努めることは、望ましい野心的な試みといえよう。その際、議論されたこともない政治的手法や科学技術は、決して目標に至る手段となり得ない点を心に銘記しておくことが重要である。

我々の希望は、我々のそれぞれが活動している分野での等しい継続的な努力を通じて、長期的に見て持続可能なエネルギー・交通輸送システムを実現することである。

1 我々の築き上げた社会は、人の移動や物の輸送に深く依存する構造になってしまっている。

2 我々の繁栄というものは、そのかなりの部分が、国内や海外との間の効率的な交通輸送を前提として我々がつくりだした、このシステムの枠組みの中に存在している。

3 交通輸送の核心部分は、長期的に見て持続可能性に欠け、結局は立ちゆかなくなる形態で成り立っている。

4 現行の交通輸送システムの、長期的持続可能性の欠如を示す要因は次の通りである。

❶資源の利用形態の面で、持続可能性に限界があること。これは言い換えれば、我々の石油の蓄えが、将来の生産活動に使われる代わりに、一回燃やされたきりで細かな分子となって発散されてしまうということである。

❷以下の現象を引き起こす物質の放出。

- 酸性雨（NOx、$SO_2$）
- 土壌と海洋や湖沼の富栄養化（窒素化合物）
- いわゆる温室効果による温暖化（$CO_2$ほか多数）
- オゾン層破壊（$N_2O$ほか多数）
- 遺伝子が傷つけられることによる突然変異現象、アレルギー
- 喘息などの疾患

5 今日の交通輸送システムが抱える、そのほかの欠点。

●ストレスのもとにもなる騒音。
●臭気と粉塵。
●広大な土地の占有。
●歩行のようなほかの移動手段に対して障害となる、自動車道路や鉄道線路。
●システムの一部に見られる柔軟性の欠如。
●交通事故による人的、経済的損害。

6 我々は目下のところ、交通輸送に深く依存する次のようなシステムの中で生活している。
❶交通輸送が、機能的社会の前提となっている。
❷交通輸送が、我々の今のライフスタイルの前提ともなっている。衣服であれ、日用品であれ、産業機械であれ、何かの製品が、生産されたのと同じ場所で消費されるのは、非常に限られたケースでしかない。住む場所と働く場所が同じという例も、ごく少数である。
❸人々あるいは国家の連帯や相互の関係は、そのかなりの部分を互いの往来や物の輸送に負っている。

7 交通輸送量は、社会の計画・発展段階での最小化の努力が軽んじられ、その後、ほかの優先的要因に適合するように増強が進められてきている。(＊)

8 我々の健康と生活の質を最終的に保証してくれるものである天然資源を守るため、我々は、資源面に配慮した持続可能な形態で、以下のことをなすべきである。
❶長期的に見て持続可能な移動手段と交通輸送システムの発達を促進する。
❷社会計画の中で交通輸送の大幅な合理化を図り、現在より少ない交通輸送量でも我々の欲

求が満たされ、生活の質が維持される社会にする。（＊）

❸各時点で使用可能な最良の技術を使用する。

9 わが国の経済状態と国民の生活条件を長期的に維持あるいは改善するため、あらゆる分野でのエネルギー消費の節約に努めることは、我々のライフスタイルの変革さえ促す可能性のある、望ましい野心的な行為である。

10 化石燃料を動力とする今日の交通輸送手段から生じる排出物の大気への影響は、生態系に地球規模の問題を引き起こしている。

11 工業先進諸国は、以下のことを通じて地球規模の環境問題の解決に着手する第一義的責任を有する。

❶長期的に持続可能な交通輸送システムの開発。

❷発展途上国に対する、その地域で長期的に持続可能な、自前の交通輸送・エネルギーシステムの開発援助。

12 化石燃料を使用する現在の交通輸送に持続可能性はない。このことは、とくに化石燃料の使用が、長い目で見れば経済的な持続可能性にも欠けるということを意味している。持続可能な交通輸送システムへの転換が成功すれば、天然資源の使用量が減少することから、経済面での好影響が期待できよう。

将来にわたる化石燃料の使用の是非を、現実的、経済的に判断するにあたっては、石油の埋蔵量が残り少なくなればなるほど、その採掘コストが高騰する点にも留意しなければならない。その上、森林や地下水、食糧、そして我々自身といった、さまざまな方面に与えられるダメージが招来するコストについても配慮する必要がある。化石燃料を動力とする交通輸送を制限し、持続可能性のある動力燃料への投資を促進する対策が講じられるならば、それは国民経済に対してもプラスとなろう。

13 長期的に持続可能な交通輸送システムへの速やかな移行を支持する一つの要因として、エントロピーを大きく増大させる人類の活動が、時間差をともなって生態系に影響を与える点が挙げられる。その例としては、環境を破壊する物質の自然界へのゆっくりとした拡散、酸性化の元となるアルミや重金属の放出が酸性化物質に対する土壌と水系のバッファー（緩衝）容量を継続的に脅かす現象、およびガンやアレルギーのような環境に起因する疾患の緩慢な進行などがある。この時間差メカニズムにより、環境を破壊する今日の活動が招く結果は、将来になって初めて明らかとなるのである。

14 持続可能な交通輸送システムへの速やかな移行を支持するもう一つの要因として、急速な技術発展が、その種の交通輸送システムに最初に投資した国や企業に、世界市場での経済的利益をもたらすことが見込まれる点も挙げられる。

15 しかしながら、持続可能な交通輸送システムへの移行に際しては、現行のシステムによって担われているところの国の豊かさに対する配慮も同時に不可欠である。この豊かさとは、よく機能している交通輸送システムが純粋に機能的な面で担っている価値と、車両やインフラストラクチャー(1)のような、現行システムの担う、純粋に物質的で膨大な価値がそれに該当する。現行システ

（1）道路、橋など、社会生活の基盤となる設備。

ムを、その各構成要素が通常の寿命を迎える前にすべてスクラップにしてしまっては、多大な出費を強いられることになろう。

16 前記の項目13〜15は、エコロジー的に持続可能な交通輸送システムへの移行に熟慮が要求されることを示している。

これはすなわち、現行システムのスクラップ化を（項目15に従って）延期して得られる目先の経済的利益を、新技術の開発促進に利用すべきであるということを意味する。

17 緊急の課題である人類生存の問題には、（生態系、工学技術、社会、経済の各側面から成る）複合的性格も加わっていることが明らかであるため、その解決には政治的協調が求められる。

そしてそれには、一般大衆と産業界の関与が前提となる。

18 社会の交通輸送システムがもつ環境破壊作用に対して、何か一つの解決策があるわけではない。成功を導く戦略とは一つではなくて、多様な対策の組み合わせで成り立つものであろう。

19 各種の触媒や、それに類する技術によって、化石燃料を使用する交通機関の特定の排出物は、率にして七五から九〇パーセント削減することができる。しかしながら触媒の導入は、交通輸送システムを長期的に持続可能なものとするのに充分な対策とは言えない。

20 バイオマスや電気、そして長い目で見れば水素ガスも、エコロジー的に持続可能な自動車燃料として開発されるに足る前提条件を備えている。これらは、今日の段階では生産面に問題もあるが、それは将来の技術によって克服できる範囲を超えてはいない。

21 新しい交通輸送システムを開発する妥当な機会が産業界に与えられ、かつ個人や企業がそのシステムに適応できるよう、各交通輸送部門向けに明確な長期目標を設定する必要がある。

22 国やコミューン〔自治体〕が、都市の中心部などを対象に、新しい燃料や動力方式に立脚した交通輸送システムの導入を促進することが重要である。

23 新しい交通輸送システムの発展を導くために実施される、経済的奨励策のような対策は、決してそれ自体が目的なのではない。目的は、限りある資源の使用と放出を制限するところに存在する。確固とした目標へいつまでに到達すべきか、その期限が早急に定められるべきである。

## 意見統一作業参加者リスト

エルヴィング・アンデション（中央党）
インゲラ・ブロームベリ（穏健統一党）
アンデシュ・カストベリエル（リベラル国民党）
シェル・ダールストレーム（緑の党）
シェル・エングストレーム
（本セミナー議長・国立博物館）
ベングト・ホルムベリ（交通輸送研究準備委員会）
アンナ・ホルン（緑の党）
ベングト・ヒューベンディック
（ヒューマンエコロジー教授）
シグヴァード・ヘッグレン（ボルボ社）
ケンネット・クヴィスト（左派共産党）
ペーテル・ラーション（社民党・環境省）
スティーグ・ラーション（スウェーデン国有鉄道）
ヴィルヘルム・リアンデル
（ストックホルムエネルギー会社）
レンナート・メッレル（カロリンスカ研究所）
カタリーナ・ニーステット（フレクト株式会社）
ボー・オルソン（自然保護協会）

カール＝エーリク・オルソン（国会農業委員会）
マッツ・ペルベック＝シャルプ
（ＩＭバッテリーテクノロジー社）
ボー・Ｅ・ペッテション
（株式会社大ストックホルム地域交通）
スヴェン＝オーロフ・ペーテション（中央党）
オーケ・ペッテション（中央党）
カール＝ヘンリク・ロベール
（ヒュッディンゲ病院内科クリニック）
ヤーン・サンドベリ（穏健統一党）
ステーン・スタクスレル
（スポールビールスコンセプト社）
ルーネ・トレーン（中央党）
スタッファン・トールマン（国立博物館）
クリステル・ヴァリンデル
（ＡＢＢトラクション社）
イーヴァル・ヴィルギーン（穏健統一党）
ビヨルン・ヴァルグレン（自然保護局）
ウルバン・ヴェストユング（リベラル国民党）
ヨーラン・ヴァルムビー（イェーテボリ市産業局）
ペーテル・オルン（リベラル国民党）

## 参加者による留保点ならびに参加者独自の見解

### ●ペーテル・オルン氏（リベラル国民党）の見解

項目7および8の表現は、交通輸送量の削減自体が目的であるとの印象を読む者に与えかねない。国民党としては、交通輸送が開かれた活発な社会において占める価値の大きさを強調しておくことも重要と考える。人間の自由というものにこれほど貢献してきたものは、ほかにほとんど類を見ない。

環境にやさしい新技術の発展のため、各方面の調整を行い、料金を徴収し、刺激策を実施することで、環境に有害な交通輸送手段を削減するところに目標が置かれるのでなくてはならない。

### ●項目8の❷に対するクリステル・ヴァリンデル氏（ABBトラクション社）の見解

「現在より少ない交通輸送量」の代わりに、「可能な限りで最小の交通輸送量」とするべきである。

さらに項目8の❸を次の通りとする。

「各種の交通輸送システムに、同等の公平な条件下で競争できる機会を与える」

これにより現行の項目8の❸は、表現はそのままで項目8の❹となる。

●イーヴァル・ヴィルギーン、ヤーン・サンドベリ、インゲラ・ブロームベリの三氏（すべて穏健統一党）による見解

項目7の代替表現――「機能的な社会は、機能的なコミュニケーションを必要とする。環境に対する交通輸送システムの影響は、自然界が耐えられるレベルにまで低減されなければならないが、近年における低公害乗用車技術の発達は、交通輸送量を増やしながら同時に環境への悪影響を減らすことも可能であることを示している」

項目8の❷の代替表現――「環境に対する交通輸送システムの悪影響は、自然界が耐えられるレベルにまで低減されなければならない」

我々穏健統一党からの参加者は、以上に加えて、この統一意見文書作成作業全般に関し、次のようなコメントを申し述べたい。

さまざまな政党、団体、企業の代表者が議論を行ったこの文書の表現は、過度に一般的なものとなっているが、これは根本的に問題の理解を異にしている背景がありながら、各方面の立場を一つの共同文書にまとめようと努力したための、当然の結果である。

我々としては、このような文書に価値を認めることを躊躇せざるを得ない。こうした文書は、見解の一致している範囲が実際よりも大きいとの錯覚を、読む者に対して与える危険性を有している。たとえば具体的な問題に関して、各分野の代表者の間で最低限の議論しか行われなかった点にこれが証明されている。

ただ、見解に相違があることは、少しも不自然なことではない。民主主義政治とは、異なる見解について、互いに反論を許されることの上に成り立つものだからである。

見解の多様さは、少なくとも環境問題に対するかかわりの違いとして解釈されるべきである。しかしながら、各政党が考える、自然環境と資源物資の有効活用への道すじは分かれている。我々の見解によれば、現在のこの文書は、事物や我々の資源をスタティック［静的］に捉える視点に彩られたものであるし、市場経済や私有財産制、そして技術の発展は、効率的な資源利用を促進するための道具といえよう。こうした認識を出発点として声明がまとめられるならば、人類の直面している課題について、現行の当文書よりも的確な把握ができることを我々は確信している。

交通輸送を含む機能的なコミュニケーションシステムは、質の高い市民生活と機能的な社会の前提となるものである。交通輸送が自然環境に与える悪影響は低減しなければならないが、そのことは交通輸送量の削減と同意ではない。新しい交通輸送システムの発展を促す手段としては、法律の制定と経済面での奨励策を活用することができよう。その有効性は何といっても、自動車の排気ガス浄化用触媒の導入に際して、とくにわが党の主導により実現された、立法と奨励策の組み合わせに示されている。しかしながら我々は、政治による細部までの規定には反対である。これまでの経験が示すところによると、細かい部分におよぶ政治の支配は、新しいシステムの発展を阻害し、環境にやさしい新技術の発達を脅かすものであった。このことは、旧ソ連邦や東欧諸国における環境破壊の破局的状況に、とりわけよく証明されている。ゆえに我々政治家としては、目標を提示することにとどめることとする。そこへどのように到達すべきかは、産業界の人間や科学者そのほかの個別分野における知識をもつ者の課題となろう。

# 付録5　カンパニー社環境対策綱領

（この綱領は、第五章「単純化を排したシンプル主義」および第六章「エコロジー的企業経営システム思考」に述べた原則を発展させたものである。）

## 基本前提

環境破壊は、短期的に見ても我々の健康と繁栄を脅かすものとなっており、多少なりとも長期的な目で見れば、地球上の高等生物すべてに対する脅威である。ますます手に入りにくくなってゆく天然資源や自然の緑、巨大化するゴミの山、生態系に蓄積する分子ゴミ、といった現代社会の負の側面に対策を講じる必要があることはすでに明らかであり、議論の余地はない。スウェーデンは高度に発展した工業国であって、教育水準は高く、天然資源に恵まれ、政治的に安定していて、相互協力の伝統も確固たるものがある。そのため我々は、魅力ある循環社会を企業のビジョンとすることができるという点で、ユニークな可能性をもっていると言えよう。これにも増して必要な、より重要で価値あるビジョンはほかにない。その魅力ある循環社会とは、以下のような認識の上に成り立つものでなければならない。

❶ますます狭くなってゆくこの地球の上で、あらゆる活動が資源の極限までの利用の余地をめぐってせめぎ合っている。そこでは、人類の基本的欲求の充足に高い優先度が付されてい

る。

❷このことから、我々の社会発展はグローバルな視野においてとらえられている必要がある。それには貧しい国々を援助するだけでは足りないのであって、国際的にも通用する発展が、我々のホームグラウンドで推進されるのでなくてはならない。

❸環境破壊につながる社会プロセスに影響をおよぼしているのは、我々の技術、政治、ライフスタイル、そして一人ひとりの我々自身である。よって、健全な発展に至る変革のプロセスは、我々の社会文化全般にわたって多くの点で変更を迫るものとなろう。

❹スウェーデンやほかの国々で顕著になっている資源問題や人類生存の問題は、子どもたちや将来の世代にもかかわるものであるが、これに対しては、政治の枠組みを超えた協調的解決法に充分重きを置くのでなくてはならない。

❺問題を克服するためには、物事を全体的にとらえる視点とシステム思考が鍵となる。これはすなわち、総合的な共通のビジョンに向かう小さなステップ多数の積み重ねをもって、社会発展が行われることを意味する。その各ステップは、たとえ最終目標まで至るものでなくても進められなければならないし、発展の動きが停滞することがあってはならない。また各ステップは、引きつづいての発展が阻害されることのないよう選択されている必要がある。

❻問題が地球規模のものであることから、その解決は国際的合意いかんにかかっている。しかしながらその国際合意の成立が、今度は個々人において責任を引き受けていく営為と、良き実例をつくりだそうという決意のほどに、大いに依存しているのである。

❼スウェーデンのような高度な技術をもった知識集約型の国家は、この意味で重要な役割を

占めている。建設的な社会発展が達成されるためには、大衆と政治家と産業界の間で協調が形づくられているのでなくてはならない。

❽循環社会への発展のため、産業界にとってとりわけ重要な課題は、よりクリーンな生産技術の確立である。これに関して、やるべきことは多い。しかし、健全な社会のビジョンには、以下のような社会の要求が増大してくることを見据えた、総合的な視点がそこに含まれているべきである。

●再生可能資源といえども、社会がこれを過度に利用することは許されないし、再生不可能な資源のリサイクル利用を我々自身も行う必要がある。

●天然資源からの抽出に始まり、生産の過程を経て使用され用済みとなるまで、製品はそのライフサイクルのいずれの段階においても、廃残物を生みだすことがあってはならない。

●健全な社会発展は、国際的に見ても魅力的なものであることが必要である。これはつまり、そのような社会発展が、その過程に加わる企業の業績と社会の経済にも資するものでなければならない、ということを意味する。

## わが社の方針

わが社は今後、騒音、ストレス、労働災害などまでを含んだ、社内外で起こりうる、あらゆる側面での環境への影響を最小限のものとするよう努めてゆくこととなる。しかし最も優先されるべきなのは、わが社の企業活動全体と自然の循環の段階的統合を図ることである。(原注15) というのも、事が自然界への取り返しのつかない影響と、人類生存の危機という現代の大いなる課題にかかわるためである。企業活動と自然の循環の統合は、生物学的多様性が守られた自然環境の保全と、社会のゴミの山や分子ゴミの増加の停止に、企業が貢献できるための前提条件である。そして、環境保全とゴミの増加停止がさらに、国民の健康維持や好ましい繁栄の継続の前提条件となっている。そこで本綱領は、循環社会の四つのシステム条件を発展させた以下の四項を求めるものである。

❶わが社の企業活動が、地下資源（石油、石炭、金属、リン酸塩、ほかの鉱物）の枯渇や、その廃残物の拡散および自然界への蓄積に関与することのないよう展開されること。

❷わが社の企業活動が、自然界にとって未知の安定した物質の拡散および自然界への蓄積に関与することのないよう展開されること。

❸わが社の企業活動が、自然の循環が行われる物理的空間の減少や循環の多様性の減退に関与することのないよう展開されること。

❹エネルギーそのほかの資源が、わが社において、あるいはわが社に起因する理由により社会において、人類の基本的欲求から遊離することなく、可能な限り効率的に使用されるよう、

**原注15** 企業活動と自然の循環の統合を図るとは、循環原理に従うことと同義である。これは、どんな事業によって生みだされた廃残物であろうとも、その全量が新しい資源へと再構成されることを意味している。それを行う主体は、自然界、企業、社会のいずれかであるが、主体が何であれ重要なのは、再構成が行われることである。

わが社の企業活動が展開されること。

### ●置き換え原則

わが社は、新しい技術と知識がもたらすものを不断に評価し直すことで、そのポジションを循環思考の方向へと漸次進めてゆくことを望むものである。そのプロセスは、置き換え原則に従って進行する。これはすなわち、劣った点のある技術や方法論が、よりよいものへと絶えず置き換えられてゆくということである。四つのシステム条件の満足をめざす社会発展が技術的理由や経済的理由で妨げられることがあってはならない、という認識の下に変革が行われ、しかもそれぞれの環境対策は、後続の対策によってさらに発展可能なものであることが必要である。

### ●安全性優先の原則

意思決定のプロセスにおいては、置き換え原則に加えて、安全性優先の原則（予防安全の原則）が適用される。これは、「わが社の事業のうち、環境に害をもたらす可能性のあるものについては、有害性の完全な立証がなくとも当然にそれを停止する」というものである。これにもとづいて疑わしい事業を停止するには、ある程度の環境に対する有害性の証拠が必要となるが、有害性の証拠がないからといって、無害性の証拠も示さないまま当該事業を継続してよいということにはならない点に留意すべきである。

## ●わが社の役割

わが社の企業活動の内部では、相当量の物質とエネルギーの流れが繰り返されている。これはわが社の〝物質・エネルギー管理者〟としての側面である。さらにわが社は、経済的活動を通して、外部に存在する相当数の人々や団体に影響をおよぼしている。これはわが社の〝行為者〟としての側面である。最後にわが社は、社会倫理の開発・供給者としての役割も果たしている。これはわが社の〝文化形成者〟としての側面である。循環原理に従ったわが社の発展は、これら三つの主要領域で、意識的かつシステマティックに行われるものとなろう。将来の市場の、循環社会の方向へと向かう大幅な変化を、我々は確信をもって予見することができる。その一方で我々は、いつになったら市場や政界で、あるいはまた立法の過程で、循環社会への発展の個々の動きが起きてくるのか、正確なところを知っているわけではない。わが社が、模範的な循環企業へと首尾一貫した長期的な発展を遂げるためには、周囲を取り巻く社会の発展が許す範囲内において、可能な限りの強さとコストパフォーマンスで、与えられた方向へわが社のポジションを進めていくことが課題となる。

## ●経済的な面に対する考慮

循環企業への発展の構想において、収益性は非常に重要な要素である。それは、収益性に優れた有利な変革が、引きつづいての変革の推進力を増大させるためでもあり、また、収益性の良い、経済的にも成功した循環企業の発展が、追求に値するモデルであるとの印象を外部に与えることから、社会にとって大きな利益となるためでもある。そして、このことが今度は、社会の判断基準の押し上げへとつながり、そうして我々はポジティブな循環にのって、次なる段階でさらに多くの面での変革に取り組むことが可能となるのである。

循環原理に沿った発展は、わが社の事業全体の収益性に、短期的に見てもプラスの影響を与えるすばらしい可能性を実際にもたらすものである。わが社はこの点でのモデル企業となることを、社会的役割の中で期待されている。わが社には、自然環境の保護に以前から本格的に取り組んできた実績があり、ゼロからのスタートに比べて負担も軽いことを考慮すれば、循環企業をめざして行う投資の費用効果性［経費に対して予想される収益の比率がよいこと］のほどはすでに明白である。

循環原理に従った発展の必要性は、自然の法則からしても論をまたないところである。わが社の環境保護プログラムが適切に策定されたならば、それは我々が社会にとって必須のこの課題を、わが社のビジネスの発展という課題に置き換えたということである。それにより、以下のことが期待できよう。

- わが社に対する評価が、内部的にも外部的にも保たれ、あるいは向上する。
- 循環への配慮から、エネルギーや素材に対する必要性は従来より抑えられるのが普通であるため、さまざまな面での節約が可能となる。
- 市場の変化を予見して、我々自身とわが社の事業を発展させることができる。
- 社会における政治的決定や、法律上の決定の変化を予見することができる。
- 社会の構成員全員の支出の軽減につながるような、社会の変化を促進することができる。

## 実効性ある環境戦略

実効性ある環境戦略は、次に掲げる三つの主要なステップから成り立つ。

❶**知識**——我々の競争分野において、循環社会への発展のための先導的地位を占めることは、わが社のビジョンの重要な要素である。そしてそれには、わが社の社員が綿密な環境教育を受けていることが前提となる。環境教育とは受講者にシステム的視点を与えるものであって、地球的視野からのエコロジーの基本的知識の教授と、それぞれの業務の中での循環思考のトレーニングがその内容となる。さらにその後の補習教育と、実際の業務における継続的な環境保護へのかかわりを通して、社員の環境知識は時代に即した生きたものに保たれよう。

❷**組織**——わが社は、環境保護活動の具体的進展を社内部で効果的にサポートし、チェックする機構を創設するものとする。

❸**環境対策マトリックス**——わが社の、環境にやさしい企業への発展は、環境対策マトリックスの活用により導かれる。社内の環境対策担当者は、わが社が現行の環境関連法や自社の環境保護方針を遵守しているか、そして、わが社の環境保護プログラムが自然の循環との完全な一体化に向かって継続的に展開されているか、チェックを行う。実効性ある環境戦略は、各対策の実施時期を明記した環境対策マトリックスの形でまとめられ、わが社が責任を有する三つの領域、すなわち〝物質・エネルギー管理者〟、〝行為者〟、〝文化形成者〟としての面

それぞれをその対象とするものである。環境対策マトリックスは、条件に変化があった場合、さらに発展させることも組み替えることも可とする。対策の優先順位の決定や実施時期の選定にあたっては、エコロジーとビジネスの両画のバランスを考慮する（一一三ページ「環境対策用ビジネス／エコロジーチェックリスト」参照）。

**●エコロジー的見地からの考慮**

環境対策マトリックスは、環境マーケットの発展や、よりよい可能性を開く新技術の登場と並行して、計画的に見直しを行う。対策には、循環原理に依拠したシステム的視点をもとに、置き換え原則と安全性優先の原則がつねに適用される。このシステム的視点は、環境対策プラン策定を長期的視野でリードする羅針盤である。循環社会の四つのシステム条件から導かれる環境対策の基本四条件は、実際には、全対策を以下のキーポイント（原注16）についてチェックすることで満たされる。

**•コスト節減**

——削減できる事業があるのではないか？　さらにほかの事業で置き換えたり完全に撤退してもよい事業があるのではないか？　（基本条件4）

**•再生可能エネルギー・資源の使用**

——循環の流れの中にあるエネルギーや原材料への転換。（基本条件1）

**•分解しやすい物質の使用**

——自然界での寿命が短い、すなわち化学的に分解しやすい物質への転換。（基本条件2）

・分別処理のしやすい製品づくり
——廃棄物を分別しやすくするため、複合材料の使用を中止する。(基本条件2)
・自然への配慮
——自然の循環の侵害につながるような開発や近視眼的な治水、種の絶滅を招く行為、そのほかの自然界に対する物理的圧迫を停止する。(基本条件3)
・製品の品質向上
——修理のきく、耐久性のある製品への切り替え。(基本条件4)
・効率性の向上
——より効率性に優れた技術、素材、エネルギー、輸送システムの採用。(基本条件4)
・リサイクル
——優先度の高いほうから(すべて基本条件4)
❶製品そのものの再利用
❷素材レベルでの再利用
❸焼却処分による燃焼エネルギーの利用

**原注16**　各キーポイントは元来、それぞれが1～4の環境対策基本条件と結びついているが、間接的な効果で四つの基本条件すべてにとってプラスになるようにすることも可能である。たとえば、四番目のポイント「分別処理のしやすい製品づくり」は、基本条件2の改善に働くほかに、同1(処女鉱物資源使用量の削減により)、同3(ゴミの山の成長鈍化により、処分場用に振り向けられる土地が減ることから)、同4(鉱山での採掘等からスタートするのに比べて、回収した素材を再利用したほうがエネルギー使用量が少なくてすむことから。なお、付録三「自然科学的見地から見た金属汚染問題」も参照のこと)にも好影響を与える。

**●経済的見地からの考慮**

循環企業への発展を力強く、魅力あるものにするためには、エコロジー的見地だけでなく、短期の経済的見地までも含んだ両面からの比較考量が必要である。とくに対策の実施時期の選定に関しては、経済的見地からの考慮が必要である。それには、次のように包括的でかなり哲学的な判断も必要となってこよう。

「循環原理に反している事業を停止する際に、即時停止を避けることで浮いた資金は、循環思考、すなわち長い目で見るほど経済的なメリットが出てくるものへの投資に回すべきである」

実際には、以下に従って適切な決定を行う。

**●直接的コスト削減効果をもつ対策の場合**

資源使用量の節減により直接、経済的利益をもたらす環境対策は、すべて遅滞なく実施されるものとする。それにより今日節約されたものは、明日さまざまに形を変えて現れることとなろう。

**●短期的環境対策投資の場合**

比較的短期に経済面でポジティブな成果が得られる、循環原理に従った環境対策投資には、競争分野での投資の中でも環境保護効果のないものに比べて、多少高い優先順位を与えるものとする（循環原理に従った環境対策投資には、長期的に見れば見るほど、多くの見返りを期待することができる）。

● 長期的環境対策投資の場合

長期的レンジで初めて経済的利益があると考えられる環境対策投資については、必ず、循環原理に照らして見たときの意義の大きさという側面と、ほかの投資案件と比較したときのビジネス上の意義という側面から評価を行う。循環原理から見たときの意義が大きければそれだけ、その環境対策が優先されるにあたって、短期的なビジネス面での意義は重要でなくなる。

# スウェーデンからの贈り物「ナチュラル・ステップ」

レーナ・リンダル（Lena Lindahl）

この本の著者は癌の研究者であるから、まず細胞の立場から環境問題を見ている。人間の細胞は驚くほどほかの動物や植物の細胞と似ているという。したがって、スウェーデン人と日本人の細胞もほとんど同じだろう。だから、細胞の立場から見た環境問題は日本人とスウェーデン人、世界中の人々に共通する問題だということだ。

しかし、日本に住んでいる人の文化とスウェーデンに住んでいる人の文化は違う。それぞれの文化が、その国の自然や風土から生まれた。たとえば、日本人はお米を食べているけれども、日本人だから食べているのではなく、お米に合った自然と気候の中に住んでいるから日本人は米を食べる文化をつくった。それは賢いことだ。小麦の文化をつくろうとしたならば、現在のような豊かな社会にはならなかっただろう。

私たちの細胞を脅かしている多くの環境問題から脱出するために、この本は循環型社会を実現しようと呼びかけている。社会の在り方を変えようという話だ。社会が変わると皆の生活が変わるし、文化も変わる。だから循環型社会をつくることは、循環型文化をつくることも意味すると私は思っている。しかし、地域のそれぞれの風土により、さまざまな文化が生まれてきたのと同じように、循環型文化も一つではなく数多くつくる必要があると私は思っている。

外国に長く住んでいると、自分の国とその文化を違う目で見るようになる。自分の国をほかの国と比較するようになり、良いところと悪いところが以前よりもよく気がつくようになる。スウェーデンのことをまったく知らない人にいろいろと聞かれる機会が多い。そのほとんどが、スウェーデンはどんな国か、短く説明されることを希望している。そこで考える。自分の国を短く説明することが必要となる。そして、私はこんなことを言いたい。

「スウェーデンは自然破壊の危機に早く目覚め、国を挙げて自然と調和した社会をつくろうとしている国です」

この本が証言しているように、スウェーデンはすでにその方向に向かおうとしているから、私はうれしい。

文化というのは、それぞれの国において統一し、また固定したものではない。いつも細かく変化するものだ。一人ひとりの文化もそれぞれ違う。

日本で生活しているスウェーデン人の私は、先日、野外で自由に歩いている鶏の卵をスーパーで買った。ほかの卵より少し高いけれど、狭い囲いに入って毎日苦しんでいる鶏の卵より、幸せそうな鶏の卵を食べたほうが私は幸せだ。それは、私の文化の一つだ。自然の中で分解可能な洗剤で服を洗ったり、皿洗いをするのも私の文化の一つだ。去年の夏セミがうるさかったのに、今年はなぜ鳴かないのか、外の木にとまっているセミを見ながら考えるのも私の文化だ。とても蒸し暑いときにござを布団の上に敷いて寝るのも私の文化だけども、これは日本人に教えてもらったことだ。自分だけでは絶対に思いつかないだろう。売っているござを毎日見ても思いつかないだろう。これは日本の文化だが、私の生活の文化にもなっている。一人ひとりの毎日の生活が、それぞれの生活文化となっている。

この本を読んでまず思うのは、「私は何ができるのか?」ということである。

自分の生活から考える。生活は一人で成り立っているわけではない。ものとの付き合いはあるし、ほかの人間との付き合いもある。動物と植物との付き合いもある。植木、庭の花、野菜、肉、卵、魚、ゴキブリ、セミ、鳥との付き合いもある。このさまざまな付き合いを考えると、付き合い方のバリエーションは山ほどあるだろう。南米でつくられたコーヒー豆を煎って毎朝飲んでいれば、毎朝南米と付き合っているということになる。このような幅の広い付き合いは毎日あるわけだから、「私ができること」というのも、同じぐらい幅が広いと考えられる。

そう思うと、社会を変えていくことにいつでも参加できる。自分が実はその歯車の一つなのだ。毎日、多くの環境問題の恐ろしい情報を目と耳にしても、自分の力で少しずつその解決に向かうことができる。社会が新しい方向に少しずつ変わっていくことを、楽しみとすることもできる。

私の生活を美しいものにしたい。私の生活はゴミ工場みたいな生活であってほしくはない。使ったものすべてが、もう一度循環システムに乗り再生されるなら、私の生活はさわやかな気持ちとなれる。

この本には、四つの原則が提唱されている。誰も反論できない。科学にもとづいた自然の法則を、現実的に考えた論理からなる四原則だ。この原則はいつかどこかの国の憲法に載るのだろうか。その国の住民は、きっとゴミ処理問題の負担もなく、軽ろやかな気持ちでいられるだろう。その国の住民の生活はどんな生活だろう。考えてみよう。そうすれば、人間は皆滅びるという暗い将来よりも、人間の想像力をくすぐるような、別の将来が見えてくるだろう。その準備を早くしよう！

# 訳者あとがき

本書は、一九九二年にスウェーデンで出版された"Det Nödvändiga Steget（不可避のステップ）"を、スウェーデン語から直接日本語に翻訳したものである。実際の訳出の作業はもっぱら私が行い、わからない点を翻訳協力者のレーナ・リンダルさんにお尋ねする形で進めた。しかし、一冊の本全部の翻訳というのは留学経験もない私の手に余るものであって、レーナさんの助けなしには絶対不可能であった。そのため私は、本書を実質的にはレーナさんとの共訳に近いものと考えているが、本書の訳文にいたらない点があれば、それはまったくもって私の責任である。

本書を翻訳することになったのは、一九九五年の一月に東京六本木のスウェーデンセンターで開催されたスンカンジナビア・ブックフェアーにおいて出品されていた原書を新評論の武市一幸氏がご覧になり、フェアー期間中の臨時スタッフを務めていた私にスウェーデンセンターを通じてお話をいただいたことがきっかけである。したがって、ブックフェアーのスタッフに私を推薦してこのような機会を与えてくださった東海大学文学部北欧学科の山下泰文教授、新評論に私を紹介してくださったスウェーデンセンタージャパン株式会社代表取締役（当時）のオッレ・ヘードクヴィスト氏、秘書の青錆郁子さん、小賀文恵さん、翻訳者としての実績もない私に仕事を任せた上で、その後の進行をあたたかく見守ってくださった武市一幸氏の各氏にお礼を申し上げなければならない。なお、大学書林国際語学アカデミーにおいて私にスウェーデン語を一から教えてくださったのも山下教授であり、現在の私があるのもひとえに教授の熱意あふれるご指導のおかげである。よってここに深甚の謝意を表する次第である。

また、資料調べにあたって便宜を図ってくださった社団法人スウェーデン社会研究所の伊藤裕子さん、人名などの調査にご協力いただいたストックホルム在住の高見幸子さん、日本語の表現に関してアドバイスをいただいた建築設計が本職で蔵書家の小川陽司氏、翻訳の進み具合を心配して終始励ましの言葉をかけてくださったライカー麻理さんほかの財団法人東京メソニック協会の方々ならびに中島昌美さん、後藤雅史氏、新藤素子さんをはじめとする北欧語学習仲間のみなさん、そしてスウェーデン語教師のクラース・メリーン氏にもそれぞれ感謝の言葉を捧げたい。

なお、本書を翻訳するにあたって参考に供した書物は以下のとおりである。


- 『第二版　環境学』市川定夫著、藤原書店、一九九四年。
- 『地球環境工学ハンドブック』地球環境工学ハンドブック編集委員会編、オーム社、一九九三年。
- 『地球環境用語事典』E・ゴールドスミス編／J・ラブロック他著、不破敬一郎・小野幹雄監修、東京書籍、一九九〇年。
- 『新・化学用語小辞典』ジョン・ディンティス編、山崎昶・平賀やよい訳、講談社、一九九三年。
- 『死ぬ瞬間』E・キューブラー・ロス著、川口正吉訳、読売新聞社、一九七一年。
- 『化学辞典』大木道則、大沢利昭、田中元治、千原秀昭編集、東京化学同人、一九九四年。


一九九六年　夏　　市河俊男

## 編集部よりご連絡

本書は、奥付に記してありますとおり、一九九六年に上製本として出版させていただいたものを「新装版」として改めて刊行したものです。二〇〇〇年以来品切れとなっていましたが、多くの読者からの要望に応えてこのたび重版を行いました。よって、最新情報を盛り込んだものではありません。

## 訳者紹介


市河　俊男（いちかわ・としお）

1960年生まれ。

1985年から1994年まで、ソフトウェア会社の正社員や人材派遣会社の派遣社員としてコンピュータ・プログラミングに従事。その間、1988年からスウェーデン語の勉強を始め、大学書林国際語学アカデミー（東京四ツ谷）で東海大学文学部北欧文学科の山下泰文教授、スウェーデン社会研究所（東京丸の内）で翻訳家のクラース・メリーン氏の指導を受ける。現在、スウェーデン語を中心に翻訳活動に従事。


## 協力者紹介


レーナ・リンダル（Lena Lindahl）

スウェーデン生まれ。

1982年に初来日し、89年以来東京に滞在。

1990～1995年、国会議員で構成される地球環境国際議員連盟「グローブ・インターナショナル」日本事務局の国際業務を担当し、総裁秘書を務める。

2000～2003年、ナチュラル・ステップの日本支の設立に携わる。

2004年、スウェーデン環境法典の邦訳を監修。

2010年、持続可能なスウェーデン協会の理事に就任。

現在、スウェーデンと日本を行き来しながら、サステナビリティの分野で学び合いの交流事業を行い、多くの協力者と連携しながら企画から実施までのプロデューサーとして活躍中。

http://www.netjoy.ne.jp/~lena



ナチュラル・ステップ
――スウェーデンにおける人と企業の環境教育――　　（検印廃止）

1996年10月1日　初　版第1刷発行
2010年10月15日　新装版第1刷発行

訳　者　市　河　俊　男

発行者　武　市　一　幸

発行所　株式会社　新　評　論

〒169　東京都新宿区西早稲田3－16－28
電話　03（3202）7391
振替・00160-1-113487

定価はカバーに表示してあります。

落丁・乱丁はお取替えします。

印刷　フォレスト
製本　桂川製本
装幀　山田英春





ISBN 978-4-7948-0844-8
Printed in Japan